Crashkurs Mitarbeiterführung

Nadja Raslan, Franz Hölzl

Crashkurs Mitarbeiterführung

Praxiswissen für neue Führungskräfte

2. Auflage

Haufe Group
Freiburg · München · Stuttgart

Bibliografische Information der Deutschen Nationalbibliothek

Die Deutsche Nationalbibliothek verzeichnet diese Publikation in der Deutschen Nationalbibliografie; detaillierte bibliografische Daten sind im Internet über http://dnb.dnb.de/ abrufbar.

Print: ISBN 978-3-648-16651-2 Bestell-Nr. 10278-0002
ePub: ISBN 978-3-648-16652-9 Bestell-Nr. 10278-0101
ePDF: ISBN 978-3-648-16653-6 Bestell-Nr. 10278-0151

Nadja Raslan, Franz Hölzl
Crashkurs Mitarbeiterführung
2. Auflage, Oktober 2022

www.haufe.de
info@haufe.de

Produktmanagement: Anne Rathgeber
Illustrator: Lars Krone

Inhaltsverzeichnis

1 Einleitung

Menschenführung ist an die Hand nehmen, ohne festzuhalten,
und loslassen, ohne fallen zu lassen.
Wilma Thomalla

Dieses Zitat der Publizistin Wilma Thomalla bringt die Herausforderungen der Führung auf den Punkt: Woher weiß ich, wann an die Hand nehmen zur Einschränkung wird? Wie kann ich loslassen, wenn die Last der Verantwortung doch auf meinen Schultern liegt? Wie meistere ich in meiner Rolle als Führungskraft unterschiedliche Erwartungen, Widersprüche und schwierige Entscheidungssituationen?

Auf diese und viele weitere Fragen zur Führung gibt es keine fertigen Antworten – auch nicht in diesem Buch. Dafür unterstützen wir Sie mit konkreten Beispielen aus unserer Berufspraxis und praktischen Übungen sowie zahlreichen Informationen und Tipps zur Bewältigung Ihres Führungsalltags. So können Sie Ihre Führungsrolle stärken und gewinnen Sicherheit. Souverän als Führungskraft sind Sie dann, wenn es Ihnen gelingt, sich die passenden Antworten selbst zu erarbeiten. Das gibt Ihnen zwar nicht die Sicherheit, immer richtigzuliegen – sicher ist aber, dass Sie mit übernommenen Antworten häufig falschliegen.

In Kapitel 2 »Mythologie der Führung« klären wir daher gleich zu Beginn, was an bekannten Führungsmythologien dran ist und welche Sie von vornherein getrost vergessen können.

Unbestritten ist, dass es die eigene Persönlichkeit ist, die eine Führungskraft erfolgreich macht. Gemeint ist damit nicht ein bestimmter »Typ Chef«, sondern vor allem die Klarheit über eigene Stärken und Schwächen sowie die Kompetenz zur Selbstreflexion und -führung. Das Kapitel 3 »Meine PersönlICHkeit als Führungskraft« lädt Sie daher ein, sich mit dem wichtigsten Aspekt der Führung auseinanderzusetzen: Ihrer Persönlichkeit.

Viele Führungssituationen lassen sich aber nicht nur mit Persönlichkeit, sondern auch mit Führungswissen einfacher beherrschen. Nicht alle Erfahrungen müssen Sie dafür selbst machen. Im Kapitel 4 »Führungskunst leben: Techniken« erfahren Sie die theoretischen Grundlagen zu den wichtigsten Führungstechniken und bekommen praktische Werkzeuge für professionelle Führungsarbeit an die Hand.

Dass Menschen motivierter sind, wenn sie sich willkommen fühlen, ernst genommen werden und einen Beitrag zum großen Ganzen leisten können, ist eine Binsenweisheit. Mit der Beziehung zu Ihren Mitarbeiter:innen und dem Team tragen Sie wesentlich zur

Motivation bei. Anregungen, wie Sie professionelle und vertrauensvolle Beziehungen in Ihrem Arbeitsumfeld gestalten können, erhalten Sie in Kapitel 5 »Führungsbeziehungen gestalten«.

Noch vor 25 Jahren reichte es als Chef:in aus, Aufgaben, Lob und Tadel zu verteilen. In einer von Agilität, Individualisierung und Digitalisierung geprägten Arbeitswelt geht es aber um viel mehr. In Kapitel 6 »Führungsherausforderungen meistern« erfahren Sie die Unterschiede zwischen Kritik und Konflikt, wie Veränderungen gelingen und wie Sie eine zielführende Fehlerkultur etablieren.

Aus Fehlern wird man klug! Aus Erfolgen übrigens auch. In Kapitel 7 »Von der Theorie zur Praxis« stellen wir Ihnen daher eine Reihe konkreter Beispiele aus allen Bereichen der Führung vor, um hier von den bereits von anderen gemachten Fehlern und Erfolgen lernen zu können.

1.1 Was bedeutet Führung?

»Führung ist nicht Rang, Privilegien, Titel oder Geld. Es ist Verantwortung.«

Das ist nur eine von vielen Definitionen von Führung, die Peter Drucker, Pionier der modernen Managementlehre und Ökonomieprofessor, verfasste. Auch wenn die meisten von uns eine ungefähre Idee davon haben, was Führung bedeutet, gehen die konkreten Vorstellungen weit auseinander. Treffen unterschiedliche Anspruchshaltungen an Führende aufeinander, kommt es schnell zum Konflikt.

!

Beispiel: Klare Kante vs. Vertrauen!

Michael Stocker ist aufgrund seiner großen Erfahrung und Fachkenntnis zum Teamleiter ernannt worden. Sein Chef vermittelt ihm die Position mit der Erwartung, im Team »aufzuräumen« und »klare Kante« zu zeigen. Nicht jeder im Team nimmt seine Aufgaben allerdings so ernst, wie erwartet wird. Michael Stocker selbst setzt jedoch auf ein Miteinander und gegenseitige Unterstützung. Er will das vertrauensvolle Verhältnis zu seinen ehemaligen Kolleg:innen auf keinen Fall gefährden.

Das Beispiel offenbart eines von vielen mit der Führungsverantwortung verbundenen Dilemmas: Was tun, wenn mein Führungsverständnis nicht den Erwartungen meiner eigenen Führungskraft oder gar meiner Mitarbeiter:innen entspricht?

!

Übung: Analysieren Sie Ihr eigenes Führungsverständnis!

Zunächst sollten Sie sich selbst klar werden, was Führung für Sie bedeutet. Tauschen Sie sich dann mit Ihren Mitarbeiter:innen und Ihrer Führungskraft offen darüber aus. In erster Linie geht es nicht darum, andere von Ihrer »richtigen« Führungsdefinition zu überzeugen. Ziel ist es vielmehr, Gemeinsamkeiten zu finden und Unterschiede zu verstehen. Folgende Fragen helfen dabei:

- Wie lässt sich mein Führungsstil beschreiben? Was sind die zwei wichtigsten Kennzeichen meines Führungsstils?
- Was würden meine Mitarbeiter:innen auf die Frage nach meinem Führungsstil antworten?
- Wer ist für mich ein Führungsvorbild? Welche Eigenschaften schätze ich besonders an ihm/ihr?
- Welche Werte und Glaubensgrundsätze bestimmen mein Führungsverhalten?
- Wie wirkt sich mein Führungsverhalten bei meinen Mitarbeiter:innen aus? Hinsichtlich Leistung, Arbeitszufriedenheit, Motivation, Arbeitsergebnisse etc.?

Jenseits der mehr oder weniger wissenschaftlichen, dafür zahlreichen Definitionsversuche für Führung geht es letztlich um Menschen und Leistung. Kurz gesagt:

Achtung !

Gestalten Sie ein Umfeld, in dem Ihre Mitarbeiter:innen gerne arbeiten wollen und Leistung bringen können!

1.2 Zukunftsfähig führen

»Unternehmen: Starre Systeme brechen – agile Systeme überleben.«

Eine der zentralen Erkenntnisse des Berichts »Die Zukunft der Arbeitswelt – Auf dem Weg ins Jahr 2030« der Robert-Bosch-Stiftung stützt sich vor allem auf den demographischen Wandel, den technologischen Fortschritt, die Globalisierung der Arbeit sowie die Individualisierung unserer Gesellschaft. Viele der damit verbundenen Herausforderungen für die Führungskräfte sind heute schon Realität: Wie gewinne ich den »War for Talents«? Müssen Digital Natives anders geführt und motiviert werden? Was bedeutet es, wenn meine Mitarbeiter:innen über den Globus verteilt agieren? Wie gehe ich mit der Forderung meiner Mitarbeiter:innen nach flexiblen Arbeitsmodellen (Homeoffice, Sabbatical etc.) um? Fest steht, dass sich mit den einschneidenden Veränderungen in unserer Arbeitswelt auch die Anforderungen an die Führungskräfte grundsätzlich verändern.

Was das für Sie persönlich bedeutet, hängt davon ab, in welchem Umfeld Sie führen. In einem Start-up-Unternehmen sind Sie als Führungskraft viel stärker mit Veränderungen, individuellen Mitarbeitervorstellungen und flexiblen Strukturen konfrontiert. Im Gegensatz dazu gilt es in vielen traditionellen Industrieunternehmen nach wie vor, sich als Führungskraft in die Hierarchie einzufügen und die etablierten Strukturen und Prozesse zu respektieren.

! **Tipp: Zukunftsfähig führen**

Bereiten Sie sich vor! Zukunftsfähig führen Sie, wenn es Ihnen gelingt, Veränderungen voranzutreiben, Innovationen zu initiieren und Strategien für die Zukunft zu entwickeln. Folgende Fragen unterstützen Sie, Ihren Fokus über das Tagesgeschäft hinaus zu erweitern:

- Wie lautet die Unternehmensvision und welche Auswirkungen hat sie auf die Ziele meines Verantwortungsbereichs?
- Welche Kompetenzen und Mitarbeiter:innen brauche ich in meinem Team, um auch in fünf Jahren erfolgreich zu sein?
- Wie schaffe ich es, dass genau diese Mitarbeiter:innen unbedingt in meinem Team arbeiten wollen?
- Welche Prozesse, Inhalte, Ziele und Strukturen in meiner Abteilung müssen dazu geschaffen werden?

Agile Führung

Um die Transparenz und Flexibilität zu erhöhen und die Selbstverantwortung der beteiligten Teams zu steigern, setzten viele Softwareentwickler bereits seit der Jahrtausendwende auf die Prinzipien der »Agilen Entwicklung«. Mittlerweile ist der Begriff auch in der Welt der Führung angekommen. Völlig zu Recht! Die zugrunde liegenden Werte der Agilen Entwicklung lassen sich unmittelbar auf die Herausforderungen der Führung übertragen. Sie führen, konsequent gelebt, zu mehr Eigenverantwortung, Motivation, einer besseren Zusammenarbeit der Mitarbeiter:innen und damit auch zu besseren Ergebnissen.

! **Agile Werte**

- Verbindlichkeit
- Einfachheit
- Feedback
- Fokus
- Kommunikation
- Mut
- Offenheit
- Respekt

Dabei sind Individuen und Interaktionen wichtiger als Prozesse und Werkzeuge. Und die passgenaue bzw. flexible Reaktion auf Veränderungen ist wichtiger als das Befolgen eines Plans.

Agile Führung erfordert ein neues Verständnis von Führung. Die Führungskraft steht nicht mehr an der Spitze der Machtpyramide, sondern agiert als Dienstleister und Vorbild, was den Mitarbeiter:innen ermöglicht, sich einzubringen und mitzugestalten.

Führungsprinzipien wie Vorgaben, Zielsysteme, Kontrollen, feste Prozesse, Pläne und Hierarchien werden ersetzt. Die agile Führungskraft vermittelt das »Big Picture«, sorgt für die nötigen Freiräume, setzt Leitplanken und kümmert sich um die individuelle Entwicklung jedes Teammitglieds. Sie agiert vor allem auf Augenhöhe mit ihren Mitarbeiter:innen.

Das entscheidende Merkmal der agilen Führung ist, dass die Mitarbeiter:innen mit ins Boot geholt werden. Als agile Führungskraft übertrage ich nicht Aufgaben und kontrolliere deren Umsetzung. Stattdessen übertrage ich Verantwortung auf die Mitarbeiter:innen – was gar nicht so einfach ist. Vor allem nicht, wenn meine Mitarbeiter:innen nie gelernt haben, Verantwortung zu übernehmen. Das braucht Geduld und vor allem Vertrauen.

Kompetenzen einer agilen Führungskraft !

Führen im agilen Umfeld stellt besondere Anforderungen an die Kompetenzen und Eigenschaften der Führungskraft:

- Veränderungs-Management-Kompetenz
- Flexibilität und Lösungskompetenz
- Menschenkenntnis und Teamfähigkeit
- Ausgeprägte Mitarbeiterorientierung
- Selbstvertrauen und Selbstreflexion
- Kommunikations- und Konfliktfähigkeit
- Unternehmerisches Denken
- Coaching- und Moderationskompetenz

Die Führungskraft wird im agilen Umfeld nicht überflüssig. Ganz im Gegenteil: Als agile Führungskraft gestalten Sie das Unternehmen mit und schaffen ein Umfeld, in dem Menschen gerne arbeiten können und wollen! Und die Mitarbeiter:innen? Sie gewinnen Autonomie, können sich einbringen und Verantwortung übernehmen. Sie identifizieren sich somit besser mit ihrem Job und werden motivierter an ihre Aufgaben herangehen.

Traditionelle Führung vs. agile Führung

Traditionelle Führung kennzeichnet, dass die Chef:innen Ziele setzen, Prozesse steuern, Aufgaben delegieren und Ergebnisse kontrollieren. Als agile Führungskraft schaffen Sie die Rahmenbedingungen dafür, dass Ihre Mitarbeiter:innen diese Themen eigenverantwortlich übernehmen. Dazu gehört insbesondere die laufende Reflexion der Arbeit in der Rolle als Coach.

Einfach zu sagen: »Ab heute sind wir agil. Das heißt: Ihr arbeitet selbstverantwortlich und -organisiert und ich schau Euch dabei zu«, funktioniert aber nicht. Das Ergebnis wird irgendwo zwischen offener Ablehnung und Anarchie liegen. Die Herausforderung beim Transfer zum agilen Zusammenarbeiten ist, die Menschen zu überzeugen und mitzunehmen. Für jeden Einzelnen bedeutet agiles Zusammenarbeiten ja erst einmal mehr Verantwortung und ein höheres Risiko. Um die Zusammenarbeit in Ihrem Verantwortungsbereich agil und damit zukunftsfähig zu gestalten, müssen Sie Ihre Mitarbeiter:innen davon überzeugen, Verantwortung zu übernehmen, sich an übergeordneten Zielen zu orientieren, offen zu kommunizieren (vor allem auch Fehler) und veränderungsbereit zu agieren. Am ehesten gelingt Ihnen das, wenn Sie Ihre Vorbildfunktion ernst nehmen und mit Ihrem eigenen Führungsverhalten ein positives Beispiel darstellen.

Kommunizieren und diskutieren Sie zunächst mit Ihren Mitarbeiter:innen die Werte der agilen Zusammenarbeit und welche konkreten Folgen und Veränderungen sich daraus für Sie alle ergeben:

- Sind die Rahmenbedingungen in Ihrer Organisation dazu geeignet, agil zu arbeiten?
- Ist jeder im Team bereit, Verantwortung, auch für die anderen, zu übernehmen?
- Sind Sie selbst bereit und in der Lage, Verantwortung abzugeben?
- Wie flexibel sind die Mitarbeiter:innen gegenüber kontinuierlichen Veränderungsprozessen?

! **Agile Führungsmethoden**

Eines der wesentlichen Kennzeichen einer agilen Organisation ist der kontinuierliche Wandel. Dabei setzen Sie als Führungskraft die Leitplanken, an denen entlang sich Ihre Mitarbeiter:innen frei bewegen können. Die Lösungen und kreativen Vorschläge für den Umgang mit Veränderungen kommen aus dem Team.

Die Verantwortung wird vom Team gemeinsam getragen und Entscheidungen werden im Konsens getroffen. Maßgabe ist das gemeinsame Ziel (Kundenzufriedenheit, Produktqualität, Effizienz etc.) und nicht die Machtstruktur. Dieser Prozess erfordert intensive Abstimmungsprozesse und Kommunikation auf Augenhöhe. Große Freiheitsgrade für jeden Einzelnen, informelle Kommunikation und tägliche »Stand-up-Meetings« sind hilfreiche Tools dazu.

In agilen Strukturen findet die Leistungsbeurteilung durch regelmäßige gemeinsame Reflexionsrunden (Retrospektiven) des gesamten Teams statt. Als Führungskraft moderieren Sie diesen Prozess und unterstützen durch Feedback und Entwicklungsmaßnahmen.

2 Mythologie der Führung

»Das Licht der Welt erblickte ich als Führungskraft!« – Das bedeutet, mal ganz gechillt das Säuglingsalter übersprungen, Pickelphase der Pubertät ausgelassen, Ausbildung unnötig, da uncool, und ruckizucki stehe ich nun als Top-Leader im Berufsleben in einem Start-up oder gestalte in einem DAX-Konzern die Unternehmensbelange. Als geborene Führungspersönlichkeit ist es mir auf meine DNA geschrieben und in die Wiege gelegt, Menschen zu führen! Sie halten dies für Blödsinn? – Recht haben Sie!

Und nun auf den Boden der Tatsachen: »Das ist eine richtige Führungspersönlichkeit«, »Bei ihm ist das angeboren!«, »Der hat das mit der Muttermilch eingesogen!« ... Solche Aussagen begegnen uns oft in unserer Coachingpraxis und sind natürlich völlig haltlos und irreführend.

Würde es belegbare Beweise geben zu dem Mythos: »Ich bin als Führungskraft geboren« bzw. »Sie sind als Führungskraft geboren«, wären sämtliche Auswahlverfahren der Personaldiagnostik obsolet. Wieso? Würde der Mythos der geborenen Führungskraft stimmen, bräuchte ich mir nur die Ahnentafel anzuschauen und mit diesem Wissen bestimmen, wer die Position als Führungskraft erhält. Die Ersparnis an Zeit, Geld und Manpower wäre immens. Verblüffend ist zudem, dass sich diese Aussagen meistens auf Männer beziehen. Quasi angeborene Führungsqualitäten bei Frauen scheinen inexistent zu sein ...

2.1 Führung ist angeboren!

»No one is born hating another person because oft the color of his skin or his background or his religion« (»Niemand hasst von Geburt an jemanden aufgrund seiner Hautfarbe, seiner Herkunft oder seiner Religion«)

Barak Obama veröffentlichte am 13. August 2017 diesen Tweet. Anhand unserer Beratungs- und Coachingerfahrung können wir dies auf eine Führungspersönlichkeit übertragen: Niemand wird mit Eigenschaften per se geboren, die eine Führungskraft auszeichnet. Lassen Sie uns den Mythos der geborenen Führungskraft bitte über Bord schmeißen! Die Wissenschaft unterteilt aufgrund aktueller Studien in ca. 30 Prozent angeborene und 70 Prozent erlernte Fähigkeiten, die Führungspersonen besitzen. Damit basiert der Großteil unserer Führungskompetenz auf von außen zugeführtes Wissen.

Daher sollten wir uns auf die 70 Prozent fokussieren, die wir aktiv gestalten können mit

- Selbstentwicklung durch Selbstreflexion,
- Training on und off the Job und
- außerbetrieblicher Weiterbildung.

Eigenschaften wie Extraversion und Durchsetzungsvermögen sind zwar im Führungsalltag oft Erfolgsgaranten. Ausschließlich bestimmend sind sie aber nicht! Die Wissenschaftlerin Dr. Connson Chou Locke forscht an der London School of Economics. Sie arbeitet aktiv daran, den Mythos der geborenen Führungskraft zu entzaubern. In ihren Studien wies Locke nach, dass eine Person, die klug oder charismatisch wirkt, schneller respektiert wird. Ein besserer Chef oder eine bessere Chefin ist er oder sie deshalb noch lange nicht.[1]

2.1.1 Stelle frei – Führungskraft her

Wird im Unternehmen eine Führungsposition neu besetzt, werden unterschiedliche Diagnostikverfahren verwendet. Auf Ebenen mit höherer Führungsverantwortung ist das Development Center bzw. Assessment Center ein häufig eingesetztes Instrument. Hier dürfen sich potenzielle Kandidat:innen einem geschulten Auswahlgremium stellen. In einer Simulation durchleben Bewerber:innen den Führungsalltag mit den unterschiedlichsten Herausforderungen. Es gilt z. B. ein Konfliktgespräch zu gestalten, unangenehme Nachrichten seinem Team mitzuteilen oder sich mit Kolleg:innen auf gleicher Führungsebene auseinanderzusetzen, wie das jährliche Budget vergeben wird. Das Ergebnis solch einer Führungssimulation ist das »Soziale-Intelligenz-Profil«. Dieses Profil zeigt auf, wie individuell soziale Situationen eingeschätzt werden. Es spiegelt ebenso, wie Kandidat:innen Prozesse erfassen und verstehen. Beides Fähigkeiten, die eine Führungspersönlichkeit besitzen sollte.

Wird eine Führungskraft aus den eigenen Reihen des Betriebs benannt, ist häufig die Erfahrung der Entscheidungsträger ausschlaggebend. Eine extravertierte Persönlichkeit wird schneller wahrgenommen als eine introvertierte. Hier stolpern Entscheidungsträger:innen leider über das psychologische Wahrnehmungsphänomen des Halo-Effektes.

! **Beispiel: Stolperstein Überstrahlung**

Lukas Holzner beeindruckt durch seine imposante Gestalt. Er misst 1,98 Meter. Als aktiver Handballspieler wirkt er wie ein Model in seinem Boss-Anzug – die perfekte Teamleitung in der Unternehmensberatung. Seine Bassstimme klingt wohltuend und gekrönt ist diese posi-

1 Locke, 2014.

tive Ausstrahlung mit seinem eloquenten Auftreten. Schwuppdiwupp können diese Äußerlichkeiten zum Halo-Effekt führen und Lukas Holzner werden Eigenschaften wie Diplomatie, Durchsetzungskraft, Konfliktfähigkeit und Führungsstärke »unterstellt«. Dabei sieht er einfach nur gut aus und verfügt über eine tiefe Stimme.

Der Halo-Effekt begegnet uns tagtäglich. Wir blicken eher auf die Verpackung als in die Schachtel. Top-Führungskräfte besitzen die Fähigkeit, sich perfekt zu verpacken, und sie kennen die Spielregeln der Macht. Der Halo-Effekt ist eine Fata Morgana, die uns verzaubert und uns Bilder vorgaukelt.

Tipp !

Egal, wie reflektiert wir sind, über den Stolperstein Halo-Effekt purzeln wir immer wieder. Minimieren lässt er sich durch das Mehr-Augen-Prinzip. Holen Sie sich aktiv Feedback zu Ihrer Wahrnehmung ein und prüfen Sie so diese.

2.1.2 Schüttle meine Hand und ich sage dir, wer du bist

Die Mythologie der Führung lässt sich u. a. erklären mit dem Erster-Eindruck-Automatismus. Stereotypen bzw. Vorurteile erleichtern es uns, die komplexe Welt zu verstehen.

Übung: Gedanken laut denken – die Magie des ersten Eindrucks !

Kommen Sie mit auf eine Gedankenreise. Nehmen Sie sich bewusst fünf Minuten Zeit und prüfen Sie, welche Gedanken in Ihrem Kopf entstehen. Sie können diese Gedankenreise ebenso mit Kolleg:innen oder Freunden durchführen. Wichtig ist: Lesen Sie erst eine Aussage – stopp, nicht gleich die zweite Aussage lesen! – und spüren Sie nach, welche Bilder in Ihnen aufkommen. Führen Sie die Übung mit anderen Personen durch, sollten Sie ebenfalls immer nur eine Aussage vorlesen und dann zuhören, welche Phantasien Ihrem Gegenüber im Kopf umhertanzen.

1. Aussage: Ihr Knie ist verletzt. Sie gehen zum Orthopäden Ihres Vertrauens. Wie könnte dieser Arzt aussehen?

STOPP

2. Aussage: Wieder ist Ihr Knie verletzt. Ein Orthopäde mit Professorentitel untersucht Sie. Der Kittel des Professors ist blutverschmiert. Seine Schuhe sind mit Blutspuren übersät.

STOPP

3. Aussage: Beim Bewerbungsgespräch werden Sie vom Geschäftsführer begrüßt. Sein Händedruck ist weich und lasch.

STOPP

4. Aussage: Ihr Gesprächspartner begrüßt Sie mit einem festen Händedruck.

Diese kurzen Gedankenspiele zeigen, wie schnell wir dabei sind, Menschen in Schubladen zu stecken. Beim Arzt gehen wir eher davon aus, dass der Kittel sauber und rein ist. Ein blutbeschmierter Kittel wirkt unprofessionell. Bei der zweiten Aussage hätte es aber sein können, dass der Professor direkt von einer Hüftoperation zu Ihnen ins Behandlungszimmer geeilt ist, um Sie zügig zu untersuchen.

Was die nächsten beiden Aussagen betrifft: Wussten Sie, dass in Peru ein fester Händedruck das genaue Gegenteil von dem positiven Empfinden in Deutschland auslöst, nämlich Antipathie? Eine Negativ-Wahrnehmung können Sie bei uns hingegen mit einem schlaffen Händedruck auslösen. Viele Menschen interpretieren diesen als Zeichen für eine Person mit wenig Durchsetzungsvermögen und Sympathiepunkten.

Sie können Ihren Händedruck aktiv üben, um als Führungskraft wahrgenommen zu werden. Da in unseren Breitengraden das Händeschütteln zum Begrüßungsritual gehört, können Sie bewusst Ihre Ausstrahlung sympathisch gestalten.

!

Tipp: Cocktail Händeschütteln – leicht gemacht

Die Zutaten sind:
- Kraft (fest vs. weich),
- Humidität (trocken vs. feucht),
- Fläche (Fingerspitzenberührung vs. komplette Hand spüren),
- Zeit (kurz vs. lang),
- Dynamik (schütteln vs. drücken).

Der perfekte Händeschüttel-Cocktail setzt sich folgendermaßen zusammen: fest, kurz und mit offenem Blickkontakt.

2.1.3 Angeboren oder erlernt – das ist hier die Frage

Eindeutig angeborene Verhaltensweisen sind der Saug- und Schluckreflex. Diese Reflexe sind überlebenswichtig. Niemand musste uns erklären, wie Saugen und Schlucken funktionieren. Wir beherrschen diese Fähigkeiten von Geburt an. Sich durch Laute mitzuteilen (die Vorläufer unserer Sprache), ist ebenfalls angeboren. Ein Baby schreit ohne Gebrauchsanweisung, ebenso wie ein Baby Laute von sich gibt, ohne dass es weiß, was es tut.

Eine Sprache hingegen mussten wir erlernen. Das Schöne dabei ist, wir haben sie durch Nachahmung, Wiederholung und ständiges Ausprobieren erlernt. Online-Lernprogramme oder Handy-App waren unwichtig. Analoges Lernen ist im Baby- und Kleinkindalter angesagt. Wir haben Sprechen gelernt, weil es Kindern angeboren ist, viel wissen zu wollen, und ein natürliches Interesse an unterschiedlichen Dingen auf unserer DNA gespeichert ist.

Verhaltensweisen haben wir durch Erfahrungen und Rückkopplungsprozesse entwickelt. Begrüßt ein Kind mit der linken Hand, wird es korrigiert mit dem Hinweis, es solle die richtige (rechte) Hand geben. Würde eine Führungskraft hingegen in ein wichtiges Meeting kommen und den umsatzstärksten Kunden mit seiner linken Hand begrüßen (ohne dass die rechte sichtbar lädiert ist), würde kaum jemand offen auf den Fehler hinweisen, aber das Treffen könnte nach zwei Minuten schon zu Ende sein. Oder das Fehlverhalten bei einem Mittagessen mit dem Vorstand: Ein Teammitglied der Forschungs- und Entwicklungsabteilung schleckt sein Messer ab und legt seine Stoffserviette in die halbleere Schüsselterrine – Situationen, die wir schon miterleben durften. Über solche Verhaltensweisen wird bei erwachsenen Personen meist hinweggeblickt und die Beteiligten malen sich ihr eigenes Bild. Ob Mitarbeiter:innen mit diesen Tischmanieren allerdings als mögliche Führungskräfte wahrgenommen werden, sei dahingestellt. Wichtiger aus unserem Blickwinkel wäre es, sich die Frage zu stellen: Benötigt eine Führungskraft das Einmaleins der Benimmregeln? Eigentlich nicht zur Erfüllung seiner Aufgaben, doch es erleichtert das Zusammenarbeiten ungemein.

Im Laufe unseres Lebens erlernen wir immer wieder neue Verhaltensweisen. Es liegt an uns, uns Wissen anzueignen und offen für Neues zu sein. Ihre Lernbereitschaft gestalten Sie ganz persönlich. Intelligenz ist zwar eine angeborene Eigenschaft, doch auch intelligente Menschen müssen sich neue Themengebiete erarbeiten, wenn auch manchmal schneller als andere.

Wichtig !

Wenn Sie mit einer gehörigen Portion Offenheit, Neugier und Mut Ihr Führungsleben gestalten, sind Sie auf dem richtigen Weg.

2.2 Die Führungskraft ist fehlerfrei!

Hast du einen Menschen gern, so musst du ihn versteh'n.
Musst nicht immer hier und da seine Fehler sehen.
Schau mit Liebe und Verzeih',
denn am Ende bist du selbst nicht fehlerfrei.
Johann Wolfgang Goethe

Wir starten gleich mit einer Übung. Stift und Zettel zur Hand? Sie dürfen ein paar Notizen aufschreiben.

Übung: Fehler – Nein, danke! !

1. Schreiben Sie den Namen Ihres Lieblingsmenschen auf. Das könnte vielleicht sein: Ihr Partner, Ihre Partnerin, Ihr bester Freund oder Freundin, Ihre Schwester, Ihr Bruder …
2. Schreiben Sie nun zehn Eigenschaften auf, die Ihr Lieblingsmensch besitzt.
3. Schreiben Sie anschließend die Schwächen von Ihrem Lieblingsmenschen auf.
4. Auswertung: Bei Punkt 3 stehen keinerlei Schwächen? Bitte schreiben Sie uns eine Mail, gerne wollen wir Ihren Lieblingsmenschen kennenlernen!

Niemand ist fehlerfrei: über Bord mit diesem Mythos! Jesus, Buddha, Mutter Theresa – alle drei Führungspersönlichkeiten und mit Makeln versehen. Verabschieden Sie sich von dem Irrglauben, eine Führungskraft sollte fehlerfrei sein! Was gibt es für schöne Fehler:

- 1492 führte der Navigationsfehler von Christoph Kolumbus zur Entdeckung Amerikas.
- 1958: Wilson Greatbatch baute einen falschen Widerstand in einen elektronischen Schaltkreis ein und wurde so der Vater der Herzschrittmacher.
- 1983 »Magen- und Darmgeschwüre sind psychisch bedingt!« – Diese Aussage widerlegte der Arzt und Wissenschaftler J. Robin Warren, weil er eine Bakterienprobe aufgrund von Feiertagen fünf statt nur zwei Tage wachsen ließ. So entdeckte er den langsam wachsenden Heliobacter Pylori. Dieses Bakterium verursacht Geschwüre in Magen und Darm.
- 1996: Die kleine blaue Pille Viagra stellte sich als Flop gegen hohen Blutdruck heraus. Männer berichteten über unerwartete Erektionen und Pfizer ging auf die Suche.[2]

Herzlichen Dank, Fehler, dass ihr aufgetreten seid! So konntet ihr der Menschheit einen Gefallen erweisen.

Jetzt ernsthaft: Was ist ein Fehler? Ist ein falsch geschriebenes Wort in einem 10-seitigen Vertrag ein Fehler oder der Zahlendreher in der Power-Point-Präsentation? Ist der unaufgeräumte Schreibtisch ein Fehler oder die unachtsam stehengelassene Kaffeetasse in der Abteilungsküche? Führt der Additionsfehler in der Reisekostenabrechnung zur Insolvenz des Unternehmens oder ist es nur mühsam, da es gilt, diesen zu korrigieren?

! **Wichtig**

Ein Fehler ist die Abweichung von einem gewünschten Zustand oder Ziel. Fehler werden menschlich oder technisch verursacht. Die Fehlertoleranz hängt vom Individuum und dem jeweiligen Unternehmenssystem ab.

Ein Haar in der Suppe des Vier-Sterne-Gourmet-Restaurants ist sowohl für den Maître als auch den Gast höchst unangenehm. In den Augen des Sternekochs auch ein gravierender Fehler. Jedoch dürfte dieser Fehler nicht zum Aberkennen aller Sterne führen. Ein Arzt-, Piloten-, Bergführer- oder Busfahrerfehler könnte hingegen weitreichende Folgen haben und Menschenleben gefährden. Überlegen Sie es sich bitte, welcher Fehler in Ihrem Führungsalltag solche Wirkung erzeugen kann.

Unser Wunsch nach Perfektionismus führt zu Intoleranz selbst gegenüber kleineren Fehlern. Spätestens in der Schule greift das Perfektionsmonster nach uns.

2 Ruchti, 2015.

!

Beispiel: Der Fehlerteufel

Roman Neuburg schreibt 60 Fehler im Diktat – Ergebnis: Note ungenügend (6). Nun übt Roman fleißig und schreibt im kommenden Test 30 Fehler. Noch immer ist dies ein Ungenügend, da der Notenschlüssel unbarmherzig Fehler zählt. Rechnerisch reduziert sich die Fehlerzahl zwar um 50 Prozent, doch diese Leistungssteigerung zeigt sich nicht in der Zensur. Würde Roman Neuburg jetzt noch an einer nicht diagnostizierten Legasthenie leiden, würde die Halbierung der Fehler die Note gut (2) rechtfertigen. Unser Schulsystem kann auf individuelle Gegebenheiten nur begrenzt eingehen.

Wir lernen durch Fehler! Diese Binsenweisheit gilt es als Führungskraft zu verinnerlichen. Wahrscheinlich verfügen Sie über die Kompetenz des Laufens. Glückwunsch, Sie sind einen maßgeblichen Entwicklungsschritt gegangen! Können Sie sich an die Komplexität erinnern, wie Sie sich diese Kompetenz angeeignet haben? Unser Erinnerungsvermögen reicht oft nicht zurück zu dieser Zeit. Laufen lernen ist eine hoch komplexe Fähigkeit. Entwicklungsphasen sind: strampeln, Köpfchen hoch, krabbeln, sitzen, Schritt für Schritt an der Hand gehen, hochziehen und festhalten an Hilfsmitteln und dann irgendwann mal loslaufen. Ganz oft hingefallen und immer wieder aufgestanden. Phänomenal bei diesem Prozess ist die Führungsaufgabe Ihrer Eltern gewesen. Diese motivierten Sie kontinuierlich. Ihr übersprudelndes Lob wirkte auf Außenstehende vielleicht grenzdebil, doch ließen sie sich dadurch nicht beeinflussen. Sie wurden dadurch bei Ihrem Lernprozess durch kontinuierliche positive Verstärkung gefördert. Bisher lernten wir keine Mutter und keinen Vater kennen, die zu ihrem Kleinkind gesagt haben: »Du stellst dich so tollpatschig an, bleib einfach sitzen, du lernst sowieso kein Laufen.« Salopp ausgedrückt: »Das ganze Kind ein Depp, wir kaufen einen Rollator.«

Heißt dies jetzt für Sie als Führungskraft, Sie sollen Fehler positiv verstärken? NEIN! Jedoch sollten Sie Ihre Fehlertoleranz und Ihr Fehlermanagement reflektieren. Es gibt Unternehmenskulturen, die Fehler begehen aufgrund ihrer starren Hierarchien. Die »Halbgötter in Weiß« sind ein Paradebeispiel dafür. In vielen Kliniken gibt es stark ausgeprägte Hierarchien. Natürlich unterscheiden sich die Stationen untereinander, wie in anderen Unternehmen, die Top-Down-Führung leben Ärzt:innen aber oft aktiv. Im Notfall ist dies bestimmt von Vorteil, da Diskussionen hier fehl am Platz sind, doch gibt es schon neuere Führungsmodelle, die alles Wissen integrieren. Der E/Sf-C (Emergency/Safety first-Check) ermöglicht in Patientenkrisensituationen die hierarchiefreie Kommunikation. Das behandelnde Ärzteteam bespricht sich in einem festgelegten Zeitrhythmus über die weiteren Behandlungsschritte. Bei einem lebensbedrohlichen Zustand des Patienten wird der Patient sechs Minuten vom Ärzteteam betreut, dann gibt es einen kurzen Break von 60 bis 90 Sekunden und jeder Spezialist gibt prägnant seine Einschätzung ab. Das Spannende an dieser Technik ist: Jeder wird als Spezialist wahrgenommen und jede behandelnde Ärztin und jeder behandelnde Arzt kommen kurz zu Wort.

Auch Senior-Führungskräfte mit viel Führungskenntnis sollten auf ihr Team aktiv hören. Sich zurückzuziehen ganz nach dem Motto: »Werde einmal erst so alt wie ich, dann weißt du, wie der Hase läuft«, wirkt überheblich, arrogant und kann zu gravierenden Fehlern führen. Bewusstes Achten auf hierarchiefreie Kommunikation ist als erfahrene Führungskraft angesagt! Denn: Auch mit 20-jähriger Erfahrung kann ich 20 Jahre meinen Beruf schlecht ausgeführt haben ...

!

Beispiel: Alle für einen – einer für alle!

Als langjährige Mitarbeiterin wird Lisa Drücker zur Gruppenleiterin befördert. In ihrer kurzen Ansprache an ihr Team betont sie eindringlich: »Zwar bin ich schon 15 Jahre im Unternehmen, kenne Kollegen, Kunden und Prozesse, doch brauche ich Euch! Ihr verfügt über ein Vielfaches an meiner Erfahrung. Gehe ich davon aus, dass jeder von Euch ca. fünf bis zehn Jahre hier arbeitet, kommt Ihr als 9-köpfige Mannschaft auf 45 bis 90 Jahre Berufserfahrung. Diese werde ich in meinem Leben nicht mehr erreichen! Ihr seht also, perfekt kann und werde ich alleine nie sein, gemeinsam kommen wir jedoch einem Leistungsteam am nächsten.«

Im Buch »Mein größter Fehler«[3] von impulse Medien erzählen 100 bekannte Unternehmer über ihre größten Niederlagen, Enttäuschungen und Fehlentscheidungen. Hut ab vor diesen offenen und ehrlichen Bekenntnissen!

2.2.1 Mutig sein – Fehler einsehen

In stark hierarchischen Unternehmen sinkt die Fehlereinsicht proportional zur Führungsebene. Wie viele Topmanager erkennen ihre Fehler? Die Schuld anderen zu geben, ist leichter. Nur – Schuldzuweisungen führen nicht zu Unternehmenserfolgen! Paradebeispiele hierfür sind Lichtgestalten der Automobilindustrie oder des Bankenwesens. Fehler einsehen erfordert Mut. Tendenziell bleibt dieser Mut auf der Strecke. Stattdessen werden Strategien entwickelt und angewendet wie die

- Teppich-Technik,
- Salami-Technik,
- Fingerzeig-Technik.

Was versteckt sich dahinter?

- **Teppich-Technik**
  Die Teppich-Technik entspricht dem Vertuschen von Fehlern. Es wird viel Energie aufgewandt, um seinen Fehler unter den »Teppich zu kehren«, also zu verstecken, damit Außenstehende diesen nicht erkennen.

3 Mein größter Fehler: Bekenntnisse erfolgreicher Unternehmer, 2017.

Beispiel: VW und die wundersame Abgasvermeidung !

Im September 2015 vernichteten oder löschten 40 Mitarbeiter:innen von VW und Audi tausende Dokumente. Hintergrund dafür war, die manipulierten Schadstoffmessungen in den USA zu verheimlichen.

- **Salami-Technik**
  Bei der Salami-Technik geschieht eine scheibchenweise Informationsweitergabe von Fehlern nach dem Motto: »Ich gebe nur das zu, was mir direkt nachgewiesen werden kann.«
- **Fingerzeig-Technik**
  Kennzeichen der Fingerzeig-Technik ist, einen Schuldigen vorzuschieben. Sie erkennen die Fingerzeig-Technik z. B. an Aussagen wie »Dafür bin ich nicht zuständig.« oder »Die notwendigen Informationen sind von der Nachbarabteilung verzögert geliefert worden.« Die erste Aussage zeigt deutlich: Ich schaue nur auf meinen (kleinen) Bereich und verliere den Blick auf das große Ganze. Bei der zweiten Aussage lässt sich der Schluss ziehen, dass die Person nicht aktiv an einer Lösung gearbeitet und z. B. die Nachbarabteilung direkt auf die Dringlichkeit hingewiesen hat.

Egal, welche der Techniken angewendet wird, sie sind alle immer falsch!

Beispiel: Kundenärger programmiert !

Verena Gerner arbeitet in der Lebensmittelbranche. Sie ist zuständig für die Textur der Panade von Wiener Schnitzeln. Aus Unachtsamkeit kippt Frau Gerner die doppelte Menge Salz in die Panade. Ihren Fehler meldet sie nicht. Eine große Charge Schnitzel wird mit der versalzenen Panade produziert und ausgeliefert. Der Fehler fällt auf, nachdem sich Kunden massiv im Internet über den Geschmack beschwert haben. Nun ist der Ärger für Verena Gerner groß. Hätte sie ihr Missgeschick sofort kommuniziert, wäre es zwar auch ärgerlich gewesen. Jedoch hätte es dann keine Kundenbeschwerden gegeben und damit verbunden ein Negativ-Image für die Firma. Unweigerlich führt die hier vorgenommene Teppich-Technik der Fehlervertuschung zu weitreichenderen Folgen.

Wir plädieren als Berater und Coaches für gelebten Mut! Seien Sie mutig, stehen Sie zu Ihren Fehlern. Der große Vorteil ist: Sie überzeugen durch Ihre Menschlichkeit! Fehler zuzugeben, ist ein Zeichen von Stärke. Sie kommunizieren Ihren Fehler und ermöglichen dadurch anderen Kolleg:innen, von Ihrer Erfahrung zu lernen. Der US-amerikanische Erfinder Thomas A. Edison beschrieb es perfekt:

Das ist das Schöne an einem Fehler: Man muss ihn nicht zweimal machen.

Übrigens, Edison reichte 1.093 Patente ein. Glauben Sie, er schaffte dies, weil er Fehler vermeiden wollte oder weil er aus Fehlern lernte und sie Inspiration bedeuteten? Fehlerfrei zu arbeiten, ist Illusion. Verabschieden Sie sich von dieser Illusion und gestalten Sie Ihre Fehlereinsicht. Die kommende Übung unterstützt Sie dabei, Sie benötigen ca. 10 Minuten sowie Schreibutensilien.

!

Übung: Selbsterkenntnis – meine Fehler

1. Schreiben Sie Ihre letzten fünf Fehler aus Ihrem Arbeitsalltag auf. Notieren Sie diese in kurzen Sätzen.
2. Nun kreieren Sie Ihre Fehler-Hitliste: Welcher steht auf Platz 1, welcher auf Platz 2 usw.?
3. Mit der Skalierung nehmen Sie nun eine tiefere Analyse vor. Benoten Sie Ihre Fehler von eins bis zehn. Eins bedeutet: keinerlei Auswirkung auf die Arbeit/das Projekt/das Team etc. Zehn bedeutet: Abmahnung/fristlose Kündigung.
4. Beurteilen Sie die Fehler anschließend mit dem Selbstkasteiungsfaktor. Für welchen beschimpfen Sie sich innerlich am stärksten? Welchen können Sie einfach und ohne Selbstvorwürfe betrachten?
5. Abschließend reflektieren Sie bitte, welchen Fehler Sie kommunizieren sollten!

Wiederholen Sie diese Übung in vierwöchigem Rhythmus. Vielleicht stellen Sie so fest, dass Ihre Fehler »sich im Rahmen halten«. Holen Sie sich bei dieser Übung Außenperspektiven. Befragen Sie Kolleg:innen, wie diese Ihre Fehler wahrnehmen und wie sie diese beurteilen würden. Der Abgleich von Ihrem Selbstbild zum wahrgenommenen Fremdbild relativiert häufig die individuelle Fehlereinschätzung.

Ist Ihnen diese Übung zu aufwendig? Gerne empfehlen wir Ihnen stattdessen die Fehler-Kosten-Analyse. Hierzu ist es notwendig, dass Sie einen Betrag XY benennen, d. h., wie teuer darf ein Fehler sein? Welche Kosten darf er höchstens verursachen?

!

Beispiel: Prost!

Bernd Oberhammer beliefert seit 15 Jahren die Gasthöfe rund um den Bodensee mit Getränken. Als angestellter LKW-Fahrer liebt er seine Tätigkeit über alles. Unglücklicherweise touchiert Herr Oberhammer beim Ausliefern einen geparkten Maserati an der Beifahrertür. Ein Minikratzer von zwei Zentimetern ist kaum sichtbar. Der Firmenzentrale meldet er sofort den Unfall, diese versucht den Halter des Autos herauszufinden, um alles Versicherungstechnische in die Wege zu leiten. Als Bernd Oberhammer den Fehler seinen Freunden erzählt, meinen diese, wieso er denn nicht weggefahren sei, da ihn keiner gesehen hätte.
Nur mal kurz richtiggestellt: Dies wäre Fahrerflucht und ist eine Straftat. Herr Oberhammers Lösung war die perfekte.

Überlegen Sie bitte bei einem Fehler, welche Auswirkungen dieser verursacht. Vermeiden Sie, in die Fehlerpanik zu stolpern, bewahren Sie Ihren ruhigen Führungskopf und stellen Sie sich die folgenden Fragen: Wirkt sich ein Rechtschreibfehler genauso aus wie ein Rechenfehler? Ist die »mit heißer Nadel gestrickte« Power-Point-Präsentation beim Kundentermin einzusetzen? Was geschieht, wenn aufgrund der Flugstornierung unpünktlich zum Kundengespräch erschienen wird?

Die Fehler-Kosten-Analyse ist ein Instrument, das Sie schnell anwenden können. Sie hilft, Fehler einzuordnen. Eventuell rückt sie einen Fehler auch »ins rechte Licht«. Anwendungsspektrum für die Fehler-Kosten-Analyse ist Ihre individuelle Arbeit und die Ihrer Mitarbeiter:innen. Die Tabelle hilft Ihnen bei Ihrer Blitz-Analyse:

Welcher Fehler ist unterlaufen?	
Was passiert bei der Kommunikation des Fehlers?	
Wie wirkt sich die Nicht-Kommunikation des Fehlers aus?	
Welche Kosten entstehen durch den Fehler?	
Diese individuellen Auswirkungen trage ich durch den Fehler:	

2.2.2 Der Weg zur gelebten Fehlerkultur

Die Angst steht dem Mut im Weg, Fehler einzugestehen. Schaffen Sie es, Ihre Angst zu überwinden, kommt automatisch Mut, der die Tür für positive Verhaltensweisen öffnet. Stehen Sie als Führungskraft zu Ihren Fehlern, signalisieren Sie damit Ihrem Team: »Fehler sind erlaubt und gehören zum Arbeitsalltag.« Ihre Vorbildfunktion können Sie so perfekt gestalten. Sie dürfen niemals vergessen, als Führungskraft fungieren Sie immer als Vorbild.

Die Welt verändert sich durch dein Vorbild, nicht durch deine Meinung.
Paul Coelho, spanischer Schriftsteller

Seien Sie ein Vorbild im Umgang mit Fehlern und gestalten Sie dadurch die Kultur in Ihrem Team. Stehen Sie zu Ihren Fehlern und kommunizieren Sie diese in Ihrem Team! Balance zwischen Fehler erlauben und Fehler zulassen ist hier zu halten. Bedanken Sie sich bei Ihren Mitarbeiter:innen, wenn diese ihre Fehler deutlich bei Ihnen benennen. Ermutigen Sie sie aktiv! Hier geht es nicht darum, Ihre Mitarbeiter:innen zu loben, wenn Fehler unterlaufen, sondern eine Kultur der Angstfreiheit zu gestalten. Nur wenn Ihre Mitarbeiter:innen keine Angst vor Ihren Reaktionen als Führungskraft haben, kommen sie mit Offenheit auf Sie zu und gestehen Fehler ein.

Beispiel: Das stimmt nicht! !

In einem Konzern mit ca. 25.000 Angestellten wird in dreijährigem Rhythmus eine Mitarbeiterbefragung durchgeführt. Jede Führungskraft erhält so anonymes, individuelles Feedback. Dr. Otto Knollich erhält von seinem Team unterdurchschnittliche Bewertungen, was sein Führungsverhalten und seine -kompetenz betrifft. Bei dem anschließenden Workshop, in dem es gilt, die Ergebnisse zu reflektieren und Verbesserungspotenziale aufzuzeigen, eröffnet Herr Dr. Knollich mit den Worten: »Auch wenn ein renommiertes Institut die Mitarbeiterbefragungen durchführt, können Fehler auftreten. Bei meiner Beurteilung hat sich sicherlich der Fehlerteufel eingeschlichen, bei diesen Bewertungen, diese stimmen so sicherlich nicht!«

Zielsicher trifft Dr. Knollich so ins Schwarze, um einen Workshoptag mit seinem Team zu erleben, der reine Zeitverschwendung ist. Seine Mitarbeiter:innen fühlen sich mit solch einer Aussage nicht ernst genommen. Offenheit und Ehrlichkeit kommen bei solchen Auftaktworten nicht zustande. Seien Sie ein gutes Beispiel, wenn Sie auf Fehler hingewiesen werden!

! **Beispiel: Feuer frei!**

Mulmig ist Simon Kündler schon geworden, als er die Ergebnisse der Mitarbeiterbefragung erhalten hatte: durchgängig Bewertungen im letzten Drittel. So hatte er sich dies nicht vorgestellt. Er beraumt ein kurzes Meeting mit seinem kompletten Team an. Sichtlich bewegt spricht er zu seiner Abteilung: »Vielen Dank für Eure ehrlichen Bewertungen in der letzten Befragung! Ehrlich bin ich erschüttert über die schlechten Ergebnisse, wie Ihr mich als Eure Führungskraft einschätzt. Für mich ist es nun wichtig, einen Weg zu finden, was ich wie anders machen kann. Und ich bin ehrlich, vielleicht gibt es auch Dinge, die ich nicht verändern kann, da ich als Führungskraft Verantwortung für unsere Abteilung trage. Gerne würde ich einen Teamworkshop durchführen und jeder bereitet sich darauf vor. Ihr bekommt bis Ende der Woche einen kleinen Fragenkatalog. Ich werde versuchen, unseren Teamworkshop noch in diesem Quartal durchzuführen.«

Simon Kündler lebt mit seinem Vorgehen aktiv Fehlerkultur vor:

- Dank aussprechen
- Eingestehen des möglichen Fehlers
- Mut beweisen: Fehler annehmen und kommunizieren
- Gefühlsebene benennen, Betroffenheit äußern
- Lösungsskizze aufzeichnen
- Gemeinsam an der Fehlerkultur arbeiten

Gibt es Fehlentscheidungen, die Sie als Führungskraft getroffen haben, sollten diese ebenso transparent mitgeteilt werden. Die Belegschaft spricht sowieso darüber, wieso nicht den Stier bei den Hörnern packen und aktive Fehlerkultur leben?

! **Beispiel: Fehlinvestition**

Der Bereichsleiter eines Automobilzulieferunternehmens entscheidet sich, die Leitung der neuen Niederlassung einem externen Bewerber zu geben mit einer Budgetverantwortung im zweistelligen Millionenbereich. Die Empfehlungen der Bereichsleiterkolleg:innen und Personalabteilung, die Position mit einem erfahrenen Kollegen oder einer Kollegin aus dem Unternehmen zu besetzen, schlägt er »in den Wind«. In der Probezeit des externen Bewerbers häufen sich die Beschwerden der Mitarbeiter:innen der Niederlassung. Nach vier Monaten ist kristallklar: Die Personalauswahl des Abteilungsleiters ist eine hundertprozentige Fehlentscheidung gewesen.

Solche Situationen kennen wir aus unserer Beratungspraxis. Nun gibt es bei solchen Fehlentscheidungen zwei Verhaltensweisen von Führungskräften:

1. Mir unterläuft kein Fehler!
2. Mea Culpa, ich stehe dazu.

Die »Mir-unterläuft-kein-Fehler!«-Führungskraft steht zu ihrer Entscheidung und zwar felsenfest. Die Beschwerden können noch so massiv sein, sie hält an ihrer Personalauswahl fest. Sich den Fehler einzugestehen, wäre ein Gesichtsverlust. Schlimmstenfalls erkennt sie den Fehler gar nicht und führt die mangelnde Akzeptanz auf das unkooperative Verhalten der gesamten Belegschaft zurück.

Die Führungskraft mit der »Mea Culpa, ich stehe dazu«-Haltung erkennt ihre Fehlentscheidung und leitet bestenfalls noch in der Probezeit die Kündigung in die Wege. Sie benennt ihren Fehler bei den Bereichsleiterkolleg:innen. Königsklasse ist, diese auch bei der Personalabteilung einzugestehen und mit den Mitarbeiter:innen der Niederlassung aktiv das Gespräch zu suchen.

Entscheiden Sie persönlich, zu welcher Kategorie Sie gehören möchten. Bitte beachten Sie bei der Fehlerkultur immer auch die Unternehmensphilosophie! Hierarchisch geführte Betriebe sind eher träge Systeme, wenn Fehlermanagement aktiv betrieben werden soll.

Fehlertoleranz gegenüber sich selbst als Führungskraft und gegenüber den Mitarbeiter:innen erhöht die Unternehmensproduktivität und die Innovationsstärke. Wieso? Ganz salopp formuliert: Aus Fehlern lernt man. Oder wieso können Sie laufen?

Umgang mit Fehlern im Unternehmen !

Das Mantra bei Fehlern sollte sein: Hängt ein Menschenleben davon ab, vernichte ich Arbeitsplätze oder geht die Firma in Insolvenz? Beantworten Sie alle drei Aussagen mit Nein, dann seien Sie tolerant und blicken Sie wohlwollender auf den Fehler!

2.3 Die eierlegende Wollmilchsau

Kennen Sie dieses phänomenale Tier? In Bayern heißt es »Wolperdinger«. Diese Tiere sind die absoluten Alleskönner, das perfekte Nutztier:

- Es legt Eier wie ein Huhn,
- gibt Wolle für einen wärmenden Winterpullover und
- lässt sich perfekt für leckere Bratwürste verarbeiten.

Ganz nach der Aussage: Aller guten Dinge sind drei. Die eierlegende Wollmilchsau besticht durch ihre Vorzüge, da sie alle Bedürfnisse befriedigt. Was für eine Wucht! Der amerikanische Geistliche Henry Ward Beecher meinte:

Wenn ein Mensch erklärt, er sei bereits perfekt, dann gibt es für ihn nur noch den Himmel oder die Irrenanstalt.

In welchem Unternehmenskontext arbeiten Sie – im Himmel oder in der Irrenanstalt? In keinem von beiden? Gar nicht schlimm! Uns ist die eierlegende Wollmilchsau als Führungskraft noch nicht begegnet. Begegnet sind uns jedoch Führungskräfte, die von sich erwarten, dieses phänomenale Tier sein zu müssen. Ab in den Mülleimer mit diesem Mythos!

!

Beispiel: Symphonieorchester

Melanie Seuder sieht sich in ihrer Funktion als Leiterin der Mergers- and Acquisitions-Abteilung als Dirigentin. Sie beherrscht zwei Instrumente perfekt: ihre Mitarbeiter:innen zu Höchstleistungen zu motivieren und mit Kund:innen optimal zu verhandeln. Es gibt viele Instrumente, die sie nicht beherrscht. Das stellt für sie aber kein Problem dar. Sie sieht ihre Aufgabe darin, alle Kompetenzen zu orchestrieren und so die perfekte Melodie zu erbringen, sprich, es kommt zum Abschluss einer M&A-Transaktion.

Ist dies ein böhmisches Dorf? Nein, behaupten wir als Berater und Coaches. In unserem Selbstverständnis gilt es für eine Führungskraft, bestimmte Grundkompetenzen zu besitzen. Die Vielzahl der fehlenden Kompetenzen wird durch das Team aufgefüllt. Es ist wie bei einem Orchester. Der Dirigent bzw. die Dirigentin beherrscht das Notenlesen und verfügt über die Genialität, viele unterschiedlichste Instrumente zu einem Klangkörper zu vereinen. Es ist dazu nicht notwendig, alle Musikinstrumente spielen zu können, sozusagen von der Pauke über die Triangel bis zur Geige. Vielmehr ist die Melodie wichtig. Es ist wichtig, dass der Funke, die Leidenschaft auf das Orchester überspringt und so die Symphonie entstehen kann.

Sie können den Dirigenten auch mit einem Fußballtrainer auswechseln. Dieser Fußballtrainer braucht nicht Libero-, Stürmer- und Torwartkompetenzen zu besitzen. Was er besitzen sollte, ist, das Potenzial seiner Mannschaft bestmöglich auf das Spielfeld zu bringen. Bei Niederlagen zu reflektieren und den Blick in die Zukunft zu richten. Als Coach sowohl die Individuen als auch das Team im Blick zu haben. Nicht zuletzt gilt es, auf alle Systembeteiligten zu achten, wie z. B. Funktionäre, Ärzte- und Kochteam u. v. m., oder Co-Trainer an seiner Seite zu wissen, die diese Aufgaben mit ausfüllen.

Perfekt sind vielleicht Dinge wie Autos, Häuser oder Konsumgüter. Menschen haben Ecken und Kanten. Gut so! Erst wenn Sie sich als Führungskraft in Ihrer Unperfektheit perfekt fühlen, können Sie selbstbewusst führen und allen Mythen zur Führung »Auf Wiedersehen« sagen. Unperfekt-Sein bedeutet, sich kontinuierlich weiterzuentwickeln, sich zu hinterfragen und Feedback einzuholen, um Stillstand zu vermeiden.

Dinosaurier-Führungskräfte leiden häufig an dem »Eierlegenden-Wollmilchsau-Syndrom«. Sie meinen, ohne sie geht die Firma »den Bach runter«. Weit gefehlt! Oft bremsen Lichtgestalten Weiterentwicklung und somit den Fortschritt. Kennen Sie noch die Unternehmen Quelle, Löwe, Neckermann, Schlecker? Alle vier waren solide deutsche Firmen. Hätte jemand im letzten Jahrtausend behauptet, diese Unternehmen wird es nicht mehr geben, diese Person wäre sprichwörtlich »vom Hof gejagt worden.« Oft stellt sich heraus, dass Top-Führungskräfte an der Krankheit der Beratungsresistenz leiden, oder sie haben Berater:innen, die unangenehme Wahrheiten nicht äußern, denn es könnte ja sein, dass es keine Vertragsverlängerung bei dem lukrativen Kunden gibt. In unserem Selbstverständnis ist ein Trainer, Berater oder Coach dann hilfreich, wenn er klar und ehrlich Feedback gibt. Dies kann auch schmerzhaft sein und sogar Folgeaufträge »vermasseln«. Langfristig würde es Führungskräften aber helfen, die am »Eierlegenden-Wollmilchsau-Syndrom« erkrankt sind, einen Berater an ihrer Seite zu wissen, der Hierarchien schätzt und doch auf sie pfeift. Der Fehler macht, diese eingesteht und Verbesserungen anstrebt, und der weiß, dass er niemals in seinem Leben die Vollkommenheit erreichen wird. Dies gilt ebenso für Führungskräfte.

Beispiel: #me too !

Bei einem Inhouse-Seminar hatten Mitarbeiter:innen ihre Erfahrungen mit einem Geschäftsführungsmitglied geäußert. Der Großteil der Mitarbeiter:innen fühlte sich von dieser obersten Führungskraft sexuell belästigt. Im Nachgang sprachen wir mit dem Geschäftsführungsteam. Deutlich kommunizierten wir den drei Personen die Themen, Ängste und Befürchtungen ihrer Mitarbeiter:innen. Die ersten Reaktionen waren große Verärgerung über unsere Aussagen und die Unterstellung, wir versuchten Unmut ins Unternehmen zu tragen, um weiter Kommunikations- und Führungstrainings durchführen zu können. Vertrauen in unsere Arbeit ist aber das Fundament. Dieses war durch die gesetzte Intervention in den Grundfesten zerrüttet.
Nach einem Jahr meldeten sich die beiden Geschäftsführer und bedankten sich. Es benötigte mehrere Monate der Beobachtung, um festzustellen, dass die Vorwürfe Hand und Fuß hatten. Nach einer geräuschvollen Trennung von dem Geschäftsführungsmitglied war dann Ruhe eingekehrt. Die anschließend gestiegene Mitarbeiterzufriedenheit zeigte sich sogar in einem deutlichen Umsatzplus.

Was soll das Fazit dieses Beispiels sein? Seien Sie mutig und beweisen Sie einen langen Atem. Nur weil es couragierte Führungskräfte gibt, die in einem geschützten Umfeld unangenehme Themen ansprechen, kann eine Veränderung initiiert werden.

Verabschieden Sie sich von Mythen in der Führung. Mythen gehören in die griechische Sagenwelt und das ist gut so. Sie können Führung zum größten Teil lernen. Es liegt in Ihrer Hand, eine Führungskraft zu sein, die den Weg weiß und die Mitarbeiter:innen zu guter Leistung anspornt. Wären Sie ein Mythos, wären Sie nicht von dieser Welt. Menschlichkeit ist eine essenzielle Zutat im Führungsleben.

3 Meine PersönlICHkeit als Führungskraft

Greifen wir kurz in die Schlaumeierkiste: Persönlichkeit leitet sich vom lateinischen Verb »personere« ab. Personere bedeutet »durchtönen«, »widerhallen« und »seine Stimme erschallen lassen«. Bis in die Mitte des 17. Jahrhunderts war es Frauen verwehrt, als Schauspielerinnen im Theater aufzutreten. Männer übernahmen Frauenrollen und trugen dazu eine Gesichtsmaske.

Jeder Mensch zeichnet sich durch seine Persönlichkeit aus. Erst in unserem Kopf passiert die Kategorisierung von »guter« oder »schlechter« Persönlichkeit. Gibt es aber die perfekte Persönlichkeit für eine Führungskraft? Entschieden beantworten wir diese Frage mit einem lauten: NEIN! Führung unterliegt zwangsläufig dem Wandel der Zeit. Persönlichkeiten, die im letzten Jahrtausend herausragende Führungskräfte waren, dürften in unserer heutigen digital geprägten Zeit ihre Schwierigkeiten haben. Die Machtinsignien aus dem 2. Jahrtausend haben sich grundlegend verändert. Sabbatical, unbezahlter Urlaub und Fortbildungsmöglichkeiten sind im 21. Jahrhundert eher gefragt als der große Firmenwagen oder das Privileg, innerdeutsch Businessclass zu fliegen. Natürlich gibt es noch »Dinosaurier-Führungskräfte«, die ihre Trophäen schützen. Als Beraterteam fragte uns ein großes Unternehmen für einen umfangreichen Organisationsentwicklungsprozess an. Das Projekt war »ganz oben aufgehängt«. Zum Gespräch mit dem Vorstandsvorsitzenden durften wir den Aufzug betreten, der ausschließlich dem Vorstandsvorsitzenden und seiner engsten Entourage zustand. Der Vorstand wollte nicht mit dem »Fußvolk« fahren oder von ihm behelligt werden. Aus unserem Blickwinkel ist dies nicht mehr zeitgemäß.

Beispiel: PersönlICHkeit vorleben !

Dr. Tim Becker repräsentierte als Geschäftsführer professionell sein weltweit operierendes Maschinenbauunternehmen. Nach einem Individual-Coaching teilte er seiner gesamten Belegschaft mit, dass er ab sofort auf seinen exklusiven Geschäftsführungsparkplatz verzichten würde (dieser ist natürlich direkt am Aufzug). Sein Büro verlege er ebenso – dieses liegt im obersten Stockwerk des Unternehmens und bietet einen atemberaubenden Blick über die Großstadt. Er sei als Geschäftsführer Zweidrittel seiner Arbeitszeit unterwegs, ergo sein Büro leer und sein Parkplatz unbenutzt. Vielmehr wolle er den Mitarbeiter:innen alles zur Verfügung stellen, die tagtäglich im Bürogebäude arbeiten.

Großer Schritt für einen Geschäftsführer mit großer Wirkung bei den Mitarbeiter:innen. Seien Sie sich Ihrer Vorbildfunktion bewusst. Egal, welche Privilegien Sie für sich in Anspruch nehmen, Sie gestalten damit die Führungskultur. Ihre Persönlichkeit strahlt durch Ihr Handeln durch.

Bei den folgenden Statements handelt es sich um reale Aussagen von Führungskräften, die wir in unserer Trainings- und Beratungstätigkeit oft gehört haben. Entscheiden Sie selbst, wie viel Persönlichkeit in den einzelnen Aussagen steckt.

- Selbstverständlich fliege ich Businessclass von München nach Hamburg!
- Nachtportiers und Sekretärinnen grüße ich grundsätzlich nicht.
- Als Professor steht mir der beste Platz im Auditorium zu.
- Wer zahlt, schafft an!
- Ich akzeptiere ausschließlich männliche Berater.

Hier machen wir Stopp mit der Liste, da in unserem Selbstverständnis dies alles Sätze von »Dinosaurier-Führungskräften« sind. Aktuell ist der Untergang dieser Dinosaurier in der deutschen Wirtschaft gut zu beobachten.

Sie selbst gestalten Ihre PersönlICHkeit! Als Führungskraft unterliegen Sie selbstverständlich der Unternehmenskultur, in der Sie leben. Sie entscheiden aber, in welchem Umfeld Sie Ihre Potenziale als Führungskraft leben wollen.

! **Beispiel: Das sind WIR!**

In einem schwäbischen Unternehmen gibt es die Vorschrift, dass konzernweit die »Sie-Kultur« zu leben ist. Egal ob auf gleicher oder höherer Hierarchieebene, das vertrauliche »Du« ist ausdrücklich zu unterlassen.

Diese Vorschrift gilt es wertfrei stehen zu lassen. Wichtiger ist zu schauen: Fühle ich mich wohl in solch einem Umfeld? Hier treffen Sie als Führungspersönlichkeit bewusst Ihre Entscheidung. Seien Sie sich gewahr: Als Führungskraft sind Sie nie am Ende Ihrer Entwicklung! Das Bestehen der Führerscheinprüfung ist dagegen ein Klacks. Hier bereiten Sie sich vor, üben intensiv mit einem Lehrer oder einer Lehrerin an der Seite und zeigen dann in der Prüfungssituation Ihr theoretisches und praktisches Wissen. Den »Führungs-Führerschein« gibt es nicht, egal wie viel Erfahrung Sie gesammelt, egal wie viele Seminare Sie besucht haben!

! **Beispiel: Mit 66 Jahren, da fängt das Leben an!**

Als Verwaltungsleiterin im Altenheim trug Erika Wolf Personalverantwortung für 360 Mitarbeiter:innen. Ihr Abschied in den Ruhestand wurde gebührend gefeiert. Spontan besuchte Frau Wolf bei ihrem Urlaub auf den Malediven einen Tauchkurs und infizierte sich mit dem »Tauch-Virus«. Sie gründete mit 66 Jahren eine Wohngemeinschaft in ihrer 100-qm-Altbauwohnung, um so ihre Rente aufzubessern. Nun lebt sie mit zwei Studenten zusammen und fährt jährlich vier bis fünf Mal in Tauchurlaub. Bald wird sie 76 und steht kurz vor ihrem tausendsten Tauchgang.

Als Rentnerin lebt Erika Wolf die Persönlichkeitseigenschaften weiter aus, die eine Führungspersönlichkeit kennzeichnen:

- Entdeckergeist,
- Abenteuerlust und
- Mut zur Risikobereitschaft.

Alles Eigenschaften, die essenziell sind, um den Führungsalltag zu meistern.

Sie wollen Ihre Führungspersönlichkeit entfalten? Dies bedeutet dann, in neue Welten ab- bzw. einzutauchen und immer wieder neues Land zu entdecken.

Es gibt drei Dinge, die extrem hart sind: Stahl,
ein Diamant und sich selbst zu kennen.
Benjamin Franklin

3.1 Meine Führungsstärken

Sie sind Führungskraft? Glückwunsch! Ihr Chef/Ihre Chefin hat Sie aufgrund Ihrer Stärken ausgewählt. Natürlich besitzen Sie auch Schwächen (erinnern Sie sich an das Kapitel 2 »Mythologie der Führung«?), aber bisher haben wir keine Entscheidungsträger kennengelernt, die meinten: »Herr Reuter ist Gruppenleiter, weil ihm Kompetenz A, B und C fehlt. Wir wollen, dass er seine Kompetenzen entwickelt, und wo kann er dies besser als in einer Führungsrolle?« Total falsch! Sie besitzen Stärken, die Sie auszeichnen! Primär sind Sie Führungskraft, da Sie Qualitäten besitzen, die Sie für eine Führungsrolle prädestinieren. Stärken zu stärken ist wesentlich effektiver, als an seinen Schwächen »herumzudoktern«.

In unserem Coachingalltag wollen Coachees oft detailliert wissen, welche Schwächen sie ausmerzen sollten. Der Blick ist fokussiert auf die nicht vorhandenen Fähigkeiten. Kommen Sie in diesem Zusammenhang kurz mit auf eine Gedankenreise: Bettina Meuser ist begeisterte Naturwissenschaftlerin. Mathematik, Physik und Chemie bringen sie regelrecht ins Schwärmen. Bei Sprachen »steigt sie eher aus«. Bei der Wahl ihres Ausbildungsplatzes entscheidet sich Bettina Meuser, Mechatronikerin zu werden. Hier kann sie verschiedene Leidenschaften aktiv leben. Kurz gesagt: Bettina lebt ihre Stärken in ihrer Lehre. Wäre es hingegen empfehlenswert für Bettina Meuser, Fremdsprachenkorrespondentin zu werden oder Metzgerin? Sicherlich nicht, da ihre Stärken und somit ihre Leidenschaft bei den Naturwissenschaften liegen.

Viele Menschen haben keine klare Vorstellung von ihrer Person und den damit verbundenen Stärken und Schwächen. Lassen Sie uns an dieser Stelle die wissenschaftliche

Expertise einholen: Die Psychologen Ethan Zell und Zlatan Krizan werteten 22 Meta-Studien mit insgesamt 200.000 Teilnehmern aus. Sie kamen zu dem Ergebnis, dass die wenigsten Menschen sich selbst realistisch einschätzen: Entweder sie überschätzen ihre eigenen Fähigkeiten oder sie unterschätzen sie. So beurteilt die Mehrheit ihre Kompetenzen in unterschiedlichen Bereichen falsch.

3.1.1 Bewusstmachung Ihrer Stärken

Als Führungskraft ist es essenziell, dass Sie Ihre Kompetenzen und Fähigkeiten kennen. Kennen Sie diese, können Sie Ihre Stärken annähernd korrekt einschätzen. Nur so gelingt es Ihnen, Ziele zu erreichen. Zu einer realistischen Einschätzung kommen Sie, indem Sie sich aktiv Feedback zu Ihrem Fremdbild einholen. Gleichen Sie dieses immer wieder mit Ihrem Selbstbild ab. Aber kennen Sie Ihre Stärken?

Als erster Schritt ist es dafür erforderlich, dass Sie sich Ihre Stärken bewusst machen. Hilfreich ist, wenn Sie die folgenden Fragen schriftlich beantworten:

!

Übung: Erfolgsfaktor »Meine Stärken«

- Was bereitet mir Freude?
- Wo lebe ich meine Leidenschaft?
- Bei welchen Themen kommen Menschen auf mich zu und bitten mich um Rat?
- Wofür werde ich gelobt?
- Was bewundern andere an mir?
- Wann bekam ich mein letztes Kompliment und wofür?
- Welche Fächer gingen mir in der Schule leicht von der Hand?

Als zweiten Schritt dürfen Sie Ihre Antworten in ein Stärkenbild verwandeln. Welche Stärken verstecken sich hinter Ihren Antworten? Nutzen Sie Ihre Notizen für die kommende Übung und nehmen Sie sich für diese eine halbe Stunde Zeit.

!

Übung: Stärken-Quadrat

Als Führungskraft sollten Sie die Fähigkeit besitzen, sich in andere Menschen »einzufühlen« und neue Perspektiven einzunehmen. Es gibt vier Perspektiven:

Individual-Blick	Sie persönlich
Vorgesetzten-Blick	Ihre Führungskraft
Mitarbeiter:innen-Blick	Mitarbeiter:innen aus Ihrem Team
Freunde-Blick	Ihr bester Freund, Ihr Partner

Nehmen Sie den folgenden Fragebogen und füllen Sie ihn viermal aus einer der oben genannten Perspektiven aus. Sie setzen sozusagen viermal eine andere Brille auf, um einen neuen Blick zu erlangen. Versuchen Sie sich, in die andere Person hineinzuversetzen. Wie würde diese Person antworten?

Fragebogen Stärkenquadrat

Frage	Antwort
Benennen Sie 10 Stärken der Person.	
Was zeichnet sie als Führungskraft aus?	
Möchten Sie in ihrem Team arbeiten?	
Wo sehen Sie sie in 10 Jahren?	
Welche Eigenschaft hätten Sie gerne von ihr?	

Sind Sie sehr mutig? Dann lassen Sie anschließend den Fragebogen von Ihrem/Ihrer Vorgesetzten, von Mitarbeiter:innen und Freund:innen ausfüllen und gleichen Sie die Antworten mit Ihren ab. Sie erfahren durch diesen Abgleich, inwieweit Ihr »Hineinversetzen in den Anderen« deckungsgleich ist oder wo es unterschiedliche Wahrnehmungen gibt.

Seien Sie stolz auf Ihre Stärken

Es gibt einen Killer für Stärken, dieser Killer heißt: negative Gedanken bzw. Selbstkasteiung. Stehen Sie zu Ihren individuellen Stärken. Erkennen Sie diese an! Kennen Sie das Sprichwort: »Eigenlob stinkt«? Wir verändern dieses Sprichwort mal ganz gechillt in »Eigenlob STIMMT!« Seien Sie stolz auf Ihre Erfolge! Bestärken Sie sich innerlich. Wie funktioniert dies? Ganz einfach: Sprechen Sie sich ganz persönlich immer wieder Lob aus.

Beispiel: Gut gemacht! !

Sabine Hartmann bereitet die Power-Point-Präsentation für das Akquisitionsgespräch detailliert vor. Die ganze Woche arbeitet sie bis spät in die Nacht. Ihr Ziel ist, individuell auf den potenziellen Neukunden einzugehen. Die Präsentation soll sich abheben.
Beim Gespräch ist auch ihre Chefin anwesend. Auf der Heimfahrt lobt die Chefin Sabine Hartmann in den höchsten Tönen: »Hut ab, Sie fesselten mich mit Ihrer Präsentation und ich bin überzeugt, es ist Ihr Verdienst, wenn wir diesen Kunden gewinnen. Das können Sie sich ganz allein auf Ihre Fahne schreiben! Frau Hartmann, ich bin voll und ganz überzeugt von Ihrer hohen Fachkompetenz.« Frau Hartmann wiegelt das Lob ab und »redet es klein«.

Ein »Herzliches Dank für Ihr positives Feedback, es freut mich sehr« wäre hilfreicher gewesen für Sabine Hartmann. Das Abwiegeln und »Klein-Reden« lässt den Killer anmarschieren und Stärken reduzieren. Der Physik-Nobelpreisträger Albert Einstein sagte treffsicher:

Die einzigen wirklichen Feinde eines Menschen sind seine eigenen negativen Gedanken.

Sie möchten trotzdem an Ihren Schwächen intensiv arbeiten? Bitte halten Sie sich nochmals vor Augen: Sie benötigen viel Energie, Zeit und eine hohe Frustrationsschwelle, um Ihre Schwächen auszumerzen. Sie werden auf Ihrem »Schwächen-Gebiet« eher durchschnittliche Ergebnisse erzielen. Als Führungskraft sind Sie in der positiven Rolle! Wieso? Sie sind Führungskraft aufgrund Ihrer Stärken! Beschäftigen Sie sich also besser damit, wie Sie Ihre Stärken nutzen und zielgerichtet einsetzen können.

!

Tipp: Tausendsassa

Stellen Sie sich Ihr Team so zusammen, dass Sie Mitarbeiter:innen haben, die Ihre Schwäche als Stärke besitzen.

Sie erkennen Ihre Stärken, indem Sie eine Vielzahl von Methoden verwenden. Gleichen Sie Ihre Selbstreflexion mit Fremdreflexion ab. Fragen Sie Kolleg:innen, Freunde, Familie, Chef:innen und Mitmenschen bei Ihrer Stärken-Recherche. Nur mit einem bunten Blumenstrauß an unterschiedlichen Eindrücken können Sie Ihre vorhandenen Stärken erkennen. Nehmen Sie sich Zeit für Ihr persönliches Stärken-Projekt.

Wer hohe Türme bauen will, muss lange beim Fundament verweilen.
Anton Bruckner, österreichischer Komponist

Egal, welche Methode Sie verwenden, Ihr Mut ist gefragt, da Sie definitiv Ihre Komfortzone verlassen.

!

Persönlichkeitstest

Das Schöne ist: Im Internet gibt es eine Vielzahl an kostenlosen Persönlichkeitstests. Nehmen Sie sich die Zeit, verschiedene Tests auszuprobieren. Sie können so die unterschiedlichen Ergebnisse vergleichen und Schlüsse daraus ziehen. Aus unserer Erfahrung werden häufig MBTI, Riemann/Tomann und das DISG-Profil verwendet.

3.1.2 Führungskräfte-Diary

Der Unterschied zum Tagebuch ist beim Führungskräfte-Diary, dass Sie nicht Ihren Tagesablauf Revue passieren lassen, sondern das Führungskräfte-Diary dient zu Ihrer Selbstreflexion. Nachhaltig ist solch ein Diary, wenn Sie sich einen Fragenkatalog erstellen, den Sie nach Ihrem Arbeitstag kurz abarbeiten. Sie könnten sich Fragen stellen wie z. B.:

- Bin ich mit dem heutigen Arbeitstag zufrieden?
- Was hat mir besondere Freude bereitet?

- Würde ich den Tag einschätzen mit einer Bewertung, was vergebe ich für eine Zahl zwischen eins und zehn? Eins bedeutet: schrecklich, katastrophal, auf keinen Fall wieder. Zehn bedeutet: Top-Tag, alles lief perfekt und wie von alleine.
- Über was habe ich mich heute geärgert?
- Worüber bin ich heute unzufrieden?
- Was war das Highlight des heutigen Tages?

Bei dieser Art der Selbstreflexion benötigen Sie einen langen Atem. Analysieren Sie in zeitlichen Intervallen, z. B. einmal im Monat, Ihre Antworten. Ihre Stärken kristallisieren sich mit dieser Methode über die Zeit schön heraus.

Stärkenhindernisse

Wie bei allem gibt es eine Kehrseite der Medaille »Stärken stärken«. Sie können Ihre Stärken nicht ausleben, wenn einer oder beide Punkte zutreffen:

- Werte-Stärken-Konflikt und/oder
- Umfeld-Stärken-Konflikt.

Werte-Stärken-Konflikt

Werte und Stärken sind wie Yin und Yang, sie gehören zusammen. Das eine kann ohne das andere nicht existieren.

Beispiel: Frieden schaffen !

Dr. Simona Munn entwickelt als Chemikerin Oberflächenlackierungen in einem führenden Unternehmen von Autolacken. Mit Leib und Seele ist sie Gruppenleiterin des Forschungslabors. Beim wöchentlichen Abteilungsleitergespräch bekommt sie ein neues Projekt zugeteilt. Für einen Hersteller von Marschflugkörpern soll sie einen Lack entwickeln, der Radarstrahlen »schluckt«. So wären die Raketen »unsichtbar«. Dr. Munn wollte nie für die Rüstungsindustrie arbeiten. Als Friedensaktivistin unterstützt sie in ihrer Freizeit tatkräftig das örtliche Flüchtlingsheim.

Ein klassischer Werte-Stärken-Konflikt für Frau Dr. Munn: Einerseits ist sie eine Koryphäe auf dem Gebiet der Lacke, andererseits widerspricht es ihren Werten und Moralvorstellungen, Waffen herzustellen. Bezeichnen wir Werte einmal als soziale Basis menschlicher Interaktionen oder als Sozial-Klebstoff. Dieser Sozial-Klebstoff ermöglicht uns ein akzeptiertes Handeln. Wichtig dabei ist, im Auge zu behalten, in welcher Gesellschaft ich lebe: Lebe ich in einer morgen- oder abendländisch geprägten Gesellschaft? Werte beinhalten ebenso einen hoch individuellen Aspekt. Sichtbar wird dieser individuelle Aspekt insbesondere beim Werte-Stärken-Konflikt.

Umfeld-Stärken-Konflikt

In diesem Konflikt ist Ihre Stärke z. B. für das Team unbedeutend. Es gibt Teammitglieder, die die gleiche Stärke besitzen und sogar besser sind als Sie. Ihre Stärke zeichnet Sie zwar aus, jedoch wird die andere Person bevorzugt, da sie noch das Sahnehäubchen daraufsetzen kann. Es könnte auch sein, dass Ihre Stärke im Team gar nicht gefragt ist.

! **Beispiel: Arbeitsinhaltswechsel**

Strategische Unternehmenskonzepte zu entwickeln, beherrscht Domenica Gonzales aus dem Effeff. Nach einer Versetzung innerhalb der Unternehmensberatung unterstützt sie nun die operative Marketingabteilung. Dort ist sie zuständig für kurzfristige Kampagnen und die Flyerkonzeption.

In dieser veränderten Arbeitssituation wäre es für Frau Gonzales wertlos, ihre strategischen Kompetenzen auszubauen und z. B. eine MBA-Ausbildung zu absolvieren. Das Umfeld verändert sich dadurch nicht. Es wäre somit sinnfrei, in diese Stärke weiter zu investieren. Die Quintessenz ist also: Ihre Stärken sollten Ihr Arbeitsumfeld bereichern, nur dann können Sie diese weiter ausbauen.

Möchten Sie Ihren Arbeitsplatz wechseln? Achten Sie hierbei darauf, dass Sie eine Balance finden zwischen Ihren vorhandenen Stärken und Ihrem Bedürfnis, neue Stärken zu erlernen oder Stärken intensiver zu fördern und entwickeln. Innerhalb eines Unternehmens ist es überwiegend so, dass Sie aufgrund Ihrer Stärken die Karriereleiter nach oben steigen. Im Beraterleben erfuhren wir allerdings auch von Fällen des »Weglobens« oder »Kaltstellens«, nach dem Motto: Diese Person befördern wir jetzt einfach, dann richtet sie nicht so viel Schaden an. Und genau hier können Sie ansetzen: Wollen Sie in so einem Betrieb arbeiten und Ihre Stärken investieren? Oder gibt es eine passendere Firmenspielwiese für Sie?

3.2 Soziale Kompetenzen

Von dem Augenblick an, als wir das Licht der Welt erblickten, erlernten wir soziale Kompetenzen und lernen sie immer noch. Das Erlernen der Fach- und Methodenkompetenz erfolgt durch Schule, Ausbildung, Universität und Berufserfahrung und bildet die professionelle Basis für Ihren Beruf. Je höher Sie aber die Karriereleiter hinaufsteigen, desto unwichtiger wird die Fachkompetenz. Kommt jetzt ungläubiges Kopfschütteln? Lassen Sie es uns detaillierter betrachten.

Beispiel: Musik liegt in der Luft !

Herbert von Karajan war Chefdirigent über drei Jahrzehnte und genial. Auch die Berliner Philharmoniker sind ein begnadetes Ensemble. Jedes Mitglied der Philharmoniker ist Meister seines Instruments, insgesamt gibt es vier Instrumentengruppen im Orchester: Streich-, Holz-, Blechblas- und Schlagzeuginstrumente. Unter der Ära Karajans schafften die Berliner Philharmoniker den Sprung zum Global Player.

Und nun die Gretchenfrage: Glauben Sie, von Karajan hat alle Instrumente des Symphonieorchesters beherrscht? Immerhin 16 unterschiedliche Instrumente! Hat er natürlich nicht. Er verfügte über die Kompetenz, über 100 Personen zu führen und gemeinsam spektakuläre Konzerte zu geben. Dr. Angela Merkel ist Physikerin und Bundeskanzlerin. Benötigt sie ihre Physikkenntnisse für das Regieren von Deutschland? Ist sie Spezialistin in jedem Ministerium? Auf alle Fälle nicht. Richard Lutz, aktuell Vorstandsvorsitzender der Deutschen Bahn AG, besitzt zwar Eisenbahnerwurzeln – seine Eltern arbeiteten für die Bahn –, doch er leitet als Betriebswirt einen Konzern mit 320.000 Menschen, ohne Eisenbahner im Betriebsdienst, Fachrichtung Lokführer und Transport, zu sein.

Ihre fachliche Kompetenz ist dann essenziell, wenn Sie Führungskraft eines Teams sind und Ihre Mitarbeiter:innen Ihre Expertise benötigen.

Beispiel: Fachkompetenz !

Simon Schneider arbeitet als Schichtführer in einer Papierfabrik. Während der Schicht ist er für seine fünf Mitarbeiter:innen verantwortlich und achtet auf den reibungslosen Ablauf an der Maschine. Simon Schneider muss die Maschine bis ins kleinste Detail kennen, da er verantwortlich ist, dass die Kundenaufträge fehlerfrei ausgeführt werden.

Finden Sie heraus, wie wichtig Ihre Fachkompetenz ist:

Übung: Mein Arbeitsalltag !

1. Bitte notieren Sie sich die Aufgaben, denen Sie an einem typischen Arbeitstag in der Regel nachgehen. Sie können die Aufgaben kategorisieren, wie z. B. Projektarbeit, Arbeitsorganisation, Meetings usw.
2. Nun kennzeichnen Sie alle Tätigkeiten, in denen Sie in Ihrer Rolle als Führungskraft gefragt sind, wie z. B. Mitarbeiterjahresgespräche führen, Ziele definieren, Koordinieren und Kontrollieren der Projekte, Bewerbungsgespräche führen usw.
3. Gewichten Sie nun: Wie viel Prozent sind Sie mit Personalführung beschäftigt und welcher Prozentsatz bleibt übrig für Ihre fachliche Tätigkeit?

Sie erkennen, je weniger Sie mit fachlichen Themen beschäftigt sind, desto stärker sind Sie gefordert, Manager:in zu sein und Ihre Führungsrolle zu gestalten.

3.2.1 Soziale Kompetenz als überfachliche Schlüsselqualifikation

Wie die Suppe Salz benötigt, so benötigen Sie in Ihrer Rolle als Führungskraft soziale Kompetenz. Sie können selbst erkennen, wann eine Person sozial kompetent ist: Reagiert die Person angemessen im zwischenmenschlichen Kontakt oder erweckt sie den Eindruck, »daneben zu liegen«?

!

Beispiel: Team – *T*oll ein *a*nderer *m*achts!

Beim wöchentlichen Teamtreffen bespricht der Abteilungsleiter Moritz Bauen den Stand der Projekte, Termine und Aufgaben werden verteilt. Mitarbeiter Dominik Lomer unterbricht oft seine Kolleg:innen und sogar den Chef. Beim Verteilen der Aufgaben zeigt er sich bewusst desinteressiert. Nach der Besprechung geht das gesamte Team zum Mittagessen. Dominik Lomer startet sofort mit dem Essen, ohne auf sein Team zu warten.

Wollen Sie mit solch einem Kollegen zusammenarbeiten? Möchten Sie als Führungskraft solch eine Person in Ihrem Team wissen? Wir glauben eher nicht.

Soziale Kompetenz wirkt als positive Energie im zwischenmenschlichen Miteinander. Die Top 10 der »Sozialen Kompetenzen« (neudeutsch: Soft Skills) sind:

1. Teamfähigkeit
2. Flexibilität
3. Belastbarkeit
4. Kompromissfähigkeit
5. Konfliktfähigkeit
6. Glaubwürdigkeit
7. Zuverlässigkeit
8. Kommunikationsfähigkeit
9. Lernfreude
10. Verhandlungskompetenz

!

Übung: Meine Top 10

1. Erstellen Sie Ihre individuelle Liste. Welche Fähigkeit setzen Sie auf Platz 1, welche auf 2 usw.?
2. Erstellen Sie die Unternehmensliste. Welche Eigenschaften sind aus Sicht von Ihrem Arbeitgeber wichtig?
3. Legen Sie beide Listen gegenüber und finden Sie heraus, welche Positionen übereinstimmen und welche differieren.
4. Erstellen Sie Ihren Entwicklungsplan: Welche Kompetenz wollen Sie weiterentwickeln, verstärken oder ausbauen? Was gilt es, konkret zu tun?

Backen Sie kleine Brötchen! Es ist sinnlos, an vier Kompetenzen parallel zu arbeiten. Nehmen Sie sich eine nach der anderen vor. Setzen Sie sich ein Zeitfenster von mindestens einem Monat pro Kompetenz.

Abb. 1: Jonglieren (Illustrator: Lars Krone)

3.2.2 Königsklasse

Sie wollen sich als Führungskraft abheben? Stellen Sie sich immer wieder diese zwei Fragen:

- Wie stark ist meine Selbstreflexionskompetenz entwickelt?
- Bin ich ein Menschenfreund?

Wir stellen häufig fest, dass Führungskräfte auf Fehlersuche gehen. Sie scannen regelrecht ihre Prozesse und schauen nach dem Fehlerverursacher: Ist es der Kunde, eine andere Abteilung oder sogar ein Mitarbeiter oder Mitarbeiterin? In einer Blitzgeschwindigkeit wird das Problem externalisiert, d. h. nach außen geschoben.

! **Beispiel: Fehler ohne Ende**

Anton Strasser verantwortet die Controlling-Abteilung einer großen PR-Agentur. Er beschwert sich bei Abteilungsleiterkolleg:innen über sein Team. »Immer wieder passieren die gleichen Fehler. Die kapieren es einfach nicht! Das Zahlenmaterial ist schlichtweg falsch. Die meisten meiner Mitarbeiter:innen meinen wohl, ich entdecke das nicht. Mein Team sieht das große Ganze nicht, für was die aufbereiteten Daten wichtig sind.«

Hilfreicher wäre es, im ersten Schritt zu internalisieren. Stellen Sie sich die Fragen:

- Was war mein Beitrag zum Misserfolg?
- Wie offen war ich für Rückmeldungen aus dem Team?
- Habe ich wirklich zugehört?
- Hatte ich einen »Masterplan« und habe ich diesen konsequent verfolgt?

»Warum siehst du den Splitter im Auge deines Bruders, aber den Balken in deinem Auge bemerkst du nicht?« – Diese Frage steht im Neuen Testament im Evangelium von Matthäus und sollte auch im Führungsalltag regelmäßig bedacht werden.

4 Führungskunst leben: Techniken

Sie wollen Ihre Mitarbeiter:innen wertschätzend führen und motivieren? Sie wollen sie überzeugen und gemeinsam mit ihnen Ziele erreichen? Sie haben den Wunsch, anspruchsvolle Unternehmensziele zu realisieren und Ihren Verantwortungsbereich erfolgreich zu entwickeln? Diese Herausforderungen meistern Sie vor allem mit einer professionellen Anwendung der wichtigsten Führungstechniken – sie sind Ihr »Werkzeugkoffer«. Je besser Sie mit Ihren Werkzeugen umgehen können, desto leichter fällt es Ihnen, sie gezielt einzusetzen. Wie Sie diese Techniken interpretieren und anwenden, wird ganz wesentlich von Ihrem Führungsverständnis geprägt. Bedenken Sie aber, dass die beste Technik nicht zum Ziel führt, wenn dahinter ein überkommenes Führungsverständnis steht.

Wichtig: Eine Frage des Stils !

Ein auf Vertrauen und Wertschätzung aufbauender kooperativer Führungsstil bildet das Fundament. Erst darauf baut die situativ stimmige Anwendung der einzelnen Führungstechniken auf.

In diesem Kapitel lernen Sie unterschiedliche Techniken, deren Einsatzzwecke und praktische Anwendung in der Führung kennen.

4.1 Kommunikation

Führen ist überwiegend kommunizieren.[4] Egal ob Sie neue Mitarbeiter:innen einweisen, eine Teamsitzung moderieren, Ziele vereinbaren oder einen Konflikt mit Kolleg:innen klären: Sie müssen dazu miteinander reden. Vielen Führungskräften fallen Fachgespräche leichter als Gespräche mit persönlichen Inhalten. Oft sind es jedoch gerade die persönlichen Gespräche, die den entscheidenden Fortschritt bringen – weil der Konflikt gelöst, die Motivation geweckt oder die Beziehung verbessert wurde.

Egal welches Gespräch Sie führen: Eine sorgfältige Vorbereitung ist von zentraler Bedeutung für die erfolgreiche Durchführung.

4 In diesem Kapitel 4, insbesondere Kapitel 4.1.4 und 4.1.5, sind Textpassagen aus unserem Buch »Schwierige Mitarbeitergespräche«, ebenfalls beim Haufe Verlag erschienen, enthalten.

4.1.1 Gespräche vorbereiten

Ob und wie Sie ein Gespräch vorbereiten, hängt ganz vom Anlass und Ihrem Gegenüber ab. Gibt es ein gutes Verständnis, hohes Vertrauen und gemeinsame Ziele zwischen Ihnen und Ihrem Gesprächspartner? Dann wird die Vorbereitung sicher schlank ausfallen können. Sind Gesprächsinhalte jedoch die Beurteilung mangelhafter Leistungen oder gar eine Kündigung? Dann lohnt es sich, Zeit für eine gute Vorbereitung zu nehmen. Die Chancen, Ihre Gesprächsziele zu erreichen, steigen mit einer strukturierten Vorbereitung enorm.

! **Tipp: Eine gute Vorbereitung ist das halbe Gespräch**

Je sorgfältiger Sie sich auf Ihr Gegenüber, Ihre Ziele und mögliche Gesprächshindernisse vorbereiten, desto wahrscheinlicher ist ein erfolgreicher Gesprächsverlauf. Nehmen Sie sich ausreichend Zeit zur Vorbereitung, um im Gespräch alle wichtigen Informationen zur Hand zu haben und mit Widerständen konstruktiv umgehen zu können.

Führungsgespräche finden in den meisten Fällen mit Vorankündigung statt. Das Verhalten der Mitarbeiter:innen, die besondere Situation oder äußere Faktoren machen ein Gespräch notwendig. Die Zeit bis zum Gespräch gilt es, zu nutzen.

Konzentrieren Sie sich in der Vorbereitung auf die folgenden drei Ebenen – so haben Sie alle wesentlichen Aspekte im Blick und vermeiden Fallen.

4.1.1.1 Drei Schritte der Gesprächsvorbereitung

1. Schritt: Organisatorische Vorbereitung

Vereinbaren Sie den Termin gemeinsam mit Ihrem Gesprächspartner. Geben Sie lediglich den Zeitpunkt vor, kann dies wie eine Vorladung wirken.

! **Beispiel: Vorladung vs. Einladung**

Nach einer Kundenbeschwerde ruft der Teamleiter seine Sachbearbeiterin an: »Kommen Sie sofort in mein Büro, Frau Hebel. Hier liegt ein Problem vor!« Die Gefahr: Ihr Gesprächspartner verschließt sich bereits vor Beginn des Gesprächs und ist für Argumente nicht mehr zugänglich.

Informieren Sie Ihren Mitarbeitenden auch rechtzeitig und vollständig über Anlass und Ort des Gesprächs. So hat er die Möglichkeit, sich auf das Gespräch vorzubereiten. Zeit und Ort haben entscheidenden Einfluss auf die Gesprächsatmosphäre und damit auf den Verlauf. Planen Sie ausreichend Zeit für das Gespräch ein, so dass Sie es in Ruhe und ohne Unterbrechung führen können. Die Dauer des Gesprächs hängt vom Anlass und der Situation ab. Kalkulieren Sie im Zweifel mehr Zeit ein. Als Faustregel gilt: Nehmen Sie sich für jedes schwierige Gespräch mindestens eine Stunde Zeit.

Viele Gespräche finden im Büro des/der Vorgesetzten statt. Achten Sie in diesem Fall darauf, dass Störungen durch Besucher und Telefonanrufe ausgeschlossen sind. Führen Sie möglichst keine Gespräche hinter Ihrem Schreibtisch! Gespräche am Besprechungstisch – noch besser in einem Besprechungsraum – signalisieren, dass das Gespräch von besonderer Bedeutung für Sie ist und Sie auf Augenhöhe kommunizieren wollen.

Checkliste: Organisatorische Gesprächsvorbereitung !

- Wann ist ein passender Zeitpunkt für das Gespräch?
- Wie viel Zeit sollte eingeplant werden?
- Wo findet das Gespräch statt – ist der Besprechungsraum reserviert?
- Was genau ist der Gesprächsanlass?
- Ist eine Bewirtung organisiert?
- Sind Störungen ausgeschlossen?
- Sind schriftliche Unterlagen vorbereitet? (Beurteilungsbogen, Zielvereinbarung, Verträge ...)

2. Schritt: Inhaltliche Vorbereitung

Egal ob Mitarbeiter:innen zusätzliche Aufgaben übernehmen sollen, Sie einen neuen Kollegen oder eine neue Kollegin besser kennenlernen oder Sie den Konflikt mit Ihrem Teamleiter klären wollen: Mit jedem Gespräch wird ein Ziel verfolgt. Beachten Sie: Auch Ihr Gesprächspartner hat Erwartungen an das Gespräch und eigene Ziele. Beziehen Sie die Ziele Ihres Gesprächspartners in Ihre Vorbereitung ein, auch wenn Sie nur vermuten können, welche das sind. So gelingt es Ihnen schnell, auf den Punkt zu kommen und Gemeinsamkeiten sowie Unterschiede herauszuarbeiten.

Je klarer Sie sich über Ihre Ziele sind, desto größer ist die Chance, sie auch zu erreichen. Erst wenn Sie Ihre Gesprächsziele vor Augen haben, können Sie beurteilen, ob diese auch realistisch sind.

Checkliste: Inhaltliche Gesprächsvorbereitung !

- Was ist der genaue Gesprächsanlass?
- Welche Ziele verfolge ich mit dem Gespräch?
- Welche Themen muss ich dazu ansprechen?
- Woran erkenne ich nach dem Gespräch, dass ich meine Ziele erreicht habe?
- Welche Informationen/Unterlagen brauche ich zum Gespräch?
- Welches Ziel könnte mein Gesprächspartner verfolgen?
- Mit welchen Argumenten oder Einwänden kann ich rechnen?

3. Schritt: Vorbereitung auf den Gesprächspartner

Oft kommt es in Gesprächen zu schwierigen Situationen, weil die inhaltlichen Aspekte mit den Beziehungsaspekten vermengt werden. Eine strikte Trennung der Ebenen ist dabei weder möglich noch sinnvoll. Machen Sie sich die Beziehung zu Ihrem Gesprächspartner bewusst. Ist sie vertrauensvoll, freundschaftlich, distanziert oder gar konfliktreich? Versetzen Sie sich in die Situation Ihres Gegenübers. Wie würden Sie in seiner Situation reagieren?

Ein immer wiederkehrendes Problem der Kommunikation: Kommt beim Empfänger wirklich das an, was der Sender vermitteln möchte? Klarheit über Ihren Gesprächspartner und die Beziehung zu ihm ist notwendig, um das Gespräch auf der inhaltlichen Ebene führen zu können. Denn: Verstricken Sie sich während des Gesprächs zu sehr in eine Auseinandersetzung über die Beziehung zum Gesprächspartner, hemmt dies die Lösung der inhaltlichen Themen.

!

Beispiel: Beziehungsstörung

Jupp Frölich ist seit 24 Jahren in der Lagerlogistik beschäftigt und ein alter Hase. Sein neuer Chef hat gerade ein Traineeprogramm absolviert und den Auftrag bekommen, die Prozesse zu verschlanken und die Abteilung effizienter zu machen. Immer wieder gerät er deshalb mit Jupp Frölich aneinander, der seine Ideen und Vorschläge ignoriert.

Das Beispiel zeigt, was passieren kann, wenn die Beziehung zum Gesprächspartner gestört ist. Vermutlich blockiert Jupp Frölich aus einem einfachen Grund: Er will, dass seine Erfahrung und sein jahrelanger Einsatz gewürdigt werden, indem er nach seiner Meinung gefragt wird. Da können die Ideen des neuen Chefs noch so gut sein – auf der »Vernunftebene« gibt es hier keine Einigung.

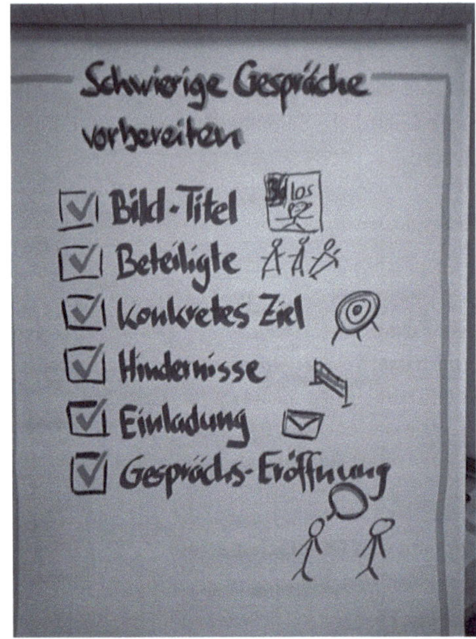

Abb. 2: Schwierige Gespräche vorbereiten

Checkliste: Vorbereitung auf den Gesprächspartner !

- Wie stehe ich zum Gesprächspartner (Sympathie, Antipathie, Vorurteile ...)?
- Wie (vermute ich) steht der Gesprächspartner zu mir?
- Wie wirkt sich die Beziehung auf unser Gespräch aus?
- Welche Erfahrungen aus früheren Gesprächen habe ich mit dem Gesprächspartner?
- In welchen Punkten stimmen wir überein und in welchen gibt es Einwände?
- Wie gehe ich mit den Emotionen meines Gesprächspartners (und meinen eigenen) um?
- Wie kann ich das Gespräch, unabhängig vom Ergebnis, zu einem guten Abschluss bringen?

4.1.1.2 Vier Regeln für schwierige Gespräche

Der Erfolg eines Gesprächs hängt vor allem davon ab, ob Sie das Anliegen Ihres Gesprächspartners verstehen und Ihre Anliegen platzieren können. In vielen Gesprächssituationen fällt es schwer, dem Gegenüber zu folgen, ruhig zu bleiben und den roten Faden nicht zu verlieren. Nehmen Sie sich die Zeit, das Gespräch in Ruhe und vorbereitet zu führen. Und beachten Sie die folgenden vier Gesprächsregeln. So gelingen Ihnen auch schwierige Führungsgespräche.

Regel 1: Wer fragt, der führt

»Monologisieren« ist eine Krankheit, die wir bei vielen Führungskräften feststellen. Kennzeichen sind ein ausgeprägtes Mitteilungsbedürfnis bei gleichzeitig geringem Interesse für die Aussagen des Gesprächspartners. Dieses Verhalten ist demotivierend und führt selten dazu, das Gegenüber zu überzeugen. Auch wenn das erstmal paradox klingt: Am besten überzeugen Sie, wenn Sie zuhören und die Argumente des anderen ernst nehmen. Die passende Gesprächstechnik dazu ist: Fragen stellen.

Wichtig !

Fragen haben folgende Funktionen:
- ein Gespräch in Gang bringen und halten,
- den Gesprächspartner aktiv einbeziehen,
- den Gesprächsverlauf zielorientiert steuern.

Je nach Situation und Gesprächsziel können Sie mit unterschiedlichen Fragetechniken agieren.

Geschlossene und offene Fragen

Geschlossene Fragen eignen sich zur systematischen Analyse und zur gezielten Informationsgewinnung. Sie fragen immer Fakten ab. Der Fragende erhält eine Information: ja oder nein, richtig oder falsch, heute oder morgen! Ein Dialog kommt durch geschlossene Fragen nicht zustande.

Offene Fragen hingegen regen zum Nachdenken an und setzen einen Gesprächsprozess in Gang. Die Antworten lassen Rückschlüsse auf die Ansichten, Einstellungen, Motive und Meinungen des Gesprächspartners zu. Sie beginnen mit einem Fragewort (»Wie«, »Weshalb«, »Wodurch, »Warum«, »Woher«) und können einen Dialog anstoßen. Für den wechselseitigen Austausch über wichtige Gesprächsinhalte sind sie deswegen sinnvoller.

!

Beispiel: Geschlossene Fragen vs. offene Fragen

Geschlossene Frage	Offene Frage
Haben Sie mich verstanden?	Was ist bei Ihnen angekommen?
Sind Sie damit einverstanden?	Wie bewerten Sie meinen Vorschlag?
Geht es Ihnen gut?	Wie geht es Ihnen?

Mit offenen, tatsächlich mit »W« beginnenden Fragen erhalten Sie die informativsten Antworten. Geschlossene Fragen können den Gesprächspartner eher unter Druck setzen, da sie dem Antwortenden weniger Spielraum lassen und bedrängender wirken.

Hilfreiche W-Fragetypen

Fragetyp	Beispiel
Konkretisierungsfragen (hilfreich bei Verallgemeinerungen und Unterstellungen)	• Was genau stört Sie? • Wie kommen Sie zur dieser Einschätzung? • Wen meinen Sie damit?
Problemlösungsfragen	• Wie könnte es gehen? • Was brauchen Sie, damit es geht? • Was hat schon einmal funktioniert?
Alternativfragen	• Welche der drei Möglichkeiten bevorzugen Sie?
Zirkuläre Fragen	• Wenn Herr Meyer jetzt hier wäre: Wie würde er die Situation schildern? • Wie würden Sie in meiner Position entscheiden?
Skalierende Fragen	• Auf welchen Aspekt können Sie am ehesten verzichten? • Wer ist am stärksten und wer am geringsten davon betroffen?

!

Achtung: Regeln für das Fragen

- Formulieren Sie jede Frage eindeutig.
- Geben Sie das Motiv der Frage zu erkennen.
- Vermeiden Sie mehrere Themen in einer Frage.

- Nehmen Sie die Antworten nicht vorweg.
- Nur beantwortbare Fragen stellen.
- Provozieren Sie Antworten, aber nicht Ihren Gesprächspartner.
- Interpretieren und bewerten Sie Antworten vorsichtig – fragen Sie im Zweifel nach.

Regel 2: Ich-Botschaften statt Du-Botschaften

Du-Botschaften werden häufig gesendet, wenn jemand mit dem Verhalten des anderen nicht einverstanden ist. Meist handelt es sich um jene schwierigen Situationen in der Kommunikation, in denen eine Person das Verhalten einer anderen Person missbilligt oder darüber verärgert ist. Häufig wird eine Du-Botschaft mit einer Verallgemeinerung gekoppelt. Die Folge ist eine Abwertung des Gesprächspartners. Der wird sich daraufhin verteidigen, zum Gegenangriff übergehen oder sich zurückziehen.

Beispiel: Du-Botschaft !

Norbert Greiner arbeitet als Agent in einem Callcenter. In der letzten Woche kam er zweimal zu spät zur Arbeit, weil seine Tochter krankheitsbedingt nicht in die Kita gehen konnte. Sein Chef ist verärgert: »Können Sie nicht einmal pünktlich sein! Die Arbeit ist Ihnen wohl nicht wichtig genug!«

Ich-Botschaften sagen hingegen etwas darüber aus, was das Verhalten des anderen bei mir auslöst und wie es mir dabei geht. Mit einem Wunsch verbunden öffne ich mich dem anderen gegenüber, befehle nichts, sondern mache einen Vorschlag oder ein Angebot. Das erhöht die Chance auf eine konstruktive Kommunikation.

Beispiel: Ich-Botschaft !

Norbert Greiners Chef: »**Ich** bin verärgert, weil Sie bereits zum zweiten Mal zu spät kommen. **Mich** bringt das in Stress, weil so unsere Erreichbarkeit nicht sichergestellt ist. **Ich** bitte Sie, mich rechtzeitig zu informieren, wenn Sie es nicht pünktlich zur Arbeit schaffen.«

Regel 3: Andere Meinungen respektieren

Vor allem bei Meinungsverschiedenheiten oder Konflikten ist es wichtig zu signalisieren: »Ich habe ein Interesse an deiner Sicht der Dinge und versuche sie zu verstehen.« Das zeigt eine positive und offene Haltung gegenüber Ihrem Gesprächspartner und führt zu einer offenen Gesprächsführung. Nehmen Sie Ihr Gegenüber mit all seinen Gefühlen und Gedanken ernst. Verständnis zu signalisieren heißt dabei nicht, Einverständnis zu zeigen. Sie verschenken sich also nichts, wenn Sie die Meinung des anderen akzeptieren. Im Gegenteil: Die Chance, dass Ihr Gesprächspartner auf Ihre Argumente eingeht, steigt damit deutlich.

Tipp: Interesse und Verständnis zeigen !

- Nehmen Sie Ihren Gesprächspartner ernst – auch wenn das schwerfällt.
- Ermutigen Sie ihn, seine Meinung offen und ehrlich zu äußern.

- Bewerten Sie das Gehörte nicht.
- Äußern Sie Verständnis für seine Sicht der Dinge.
- Fragen Sie nach und äußern Sie Ihr Interesse an gemeinsamen Lösungen.

Regel 4: Aktives Zuhören

Der Erfolg eines Gesprächs hängt im Wesentlichen davon ab, ob wir das Anliegen des Gesprächspartners genau verstanden haben. Nur so lassen sich gemeinsam getragene Lösungen finden. Dem Gegenüber »Aufmerksamkeit« zu schenken, bedeutet dabei nichts anderes als »aktiv« zuzuhören.

Beim »aktiven Zuhören« nehme ich nicht nur wahr, was mein Gegenüber sagt, sondern auch, wie er dies sagt. Persönliche Anliegen, Wünsche, Bedürfnisse, Gefühle und Einschätzungen drücken wir häufig nicht direkt aus. Für einen aufmerksamen, aktiven Zuhörer schwingen sie aber oft zwischen den Äußerungen »hörbar« mit.

Abb. 3: Aktives Zuhören (Illustrator: Lars Krone)

!

Tipp

Fragen Sie sich im Stillen während des aktiven Zuhörens:

- Was empfindet mein Gegenüber momentan?
- Was bedeutet das Gesagte für ihn?
- Welches Interesse bzw. welchen Wunsch drückt er damit aus?
- Welche Empfindungen werden dadurch in mir geweckt?

Aktives Zuhören können Sie auf zwei Ebenen vermitteln:

Nonverbal	Verbal
• Blickkontakt • zugewandte Sitzhaltung • verstärkendes Kopfnicken • aktive Körperhaltung • mitfühlende Mimik • »hm«, »ja«	• offene, konkretisierende Nachfragen • umschreibende Zusammenfassungen • motivierendes Feedback, positive Rückmeldungen

4.1.2 Besprechungen moderieren

Jeder kennt das Problem: In unzähligen Besprechungen geht viel Zeit verloren! Meine eigentliche Arbeit bleibt liegen und muss mühsam in Überstunden aufgearbeitet werden. Trotzdem nimmt die Anzahl der Besprechungen eher zu als ab. Gründe hierfür gibt es genug: Abläufe und Informationen werden immer komplexer und müssen zwischen immer mehr Menschen koordiniert werden.

Eine gute Moderation ist der Schlüssel zu effizienten und ergebnisorientierten Besprechungen.

Achtung: Moderationsziele !

Eine professionelle Moderation dient vor allem der Erarbeitung des gewünschten Besprechungsergebnisses unter Einbindung der Fähigkeiten und Erfahrungen der Teilnehmer:innen. Ist das Ziel der Besprechung unklar, hilft auch die beste Moderation nichts!

Wenn Sie als Moderator:in den größten Redeanteil in einer Besprechung haben, ist etwas gewaltig schiefgelaufen. Schließlich geht es nicht darum, die anderen zu informieren, sondern gemeinsam etwas zu erarbeiten.

Folgende **Moderationsprinzipien** sollten gelten:

- **Partizipation:** Alle Teilnehmer:innen arbeiten gemeinsam und gleichberechtigt an der Lösung mit. Als Moderator:in unterstützen Sie den Weg zum Ziel.
- **Eigenverantwortung:** Jeder/jede Teilnehmer:in trägt selbst die Verantwortung, eigene Meinungen und Bedürfnisse einzubringen.
- **Gleichberechtigung:** Jeder/jede Teilnehmer:in hat, unabhängig von der Position, den gleichen Raum und das gleiche Stimmrecht.
- **Transparenz:** Die Ziele, Meinungsbildung und die Entscheidungsfindung werden so gestaltet, dass sie für alle nachvollziehbar sind.

4.1.2.1 Doppelrolle als Chef:in und Moderator:in

Moderieren Sie als Chef:in eine Besprechung Ihres eigenen Teams? Dann sind Sie in der Rolle als Moderator:in nicht ganz neutral und frei. Schließlich haben Sie aufgrund Ihrer Führungsrolle eigene und berechtigte Interessen und Ansichten. Dass diese einer freien und offenen Äußerung der Teilnehmer:innen entgegenstehen können, liegt auf der Hand. Wie schaffen Sie es, dass sich die Gruppe trotzdem mit ihrem Wissen und ihren Vorstellungen einbringt?

!

Wichtig: Moderieren in der Doppelrolle

- Legen Sie Ihre Rollen offen und klären Sie, wie die Entscheidung am Ende fällt!
- Bewerten und kommentieren Sie die Beiträge der anderen Teilnehmer:innen nicht!
- Bringen Sie Ihre eigenen Beiträge möglichst spät ein und machen Sie deutlich, in welcher Rolle Sie sprechen!
- Bleiben Sie überparteilich!

4.1.2.2 Die fünf Phasen der Besprechungsmoderation

Unterteilen Sie den Weg zum angestrebten Besprechungsziel in unterschiedliche Etappen. Jede Etappe baut auf die vorherige auf und wird methodisch entsprechend gestaltet. So behalten Sie den Überblick und erhöhen die Chancen, dass alle Teilnehmer:innen bis zum Ende »im Boot« sind.

Phase 1: Eröffnung
Mit dem Einstieg schaffen Sie die Grundlage für die weitere Arbeit. Gelingt es Ihnen, die Besprechung motivierend und wertschätzend anzumoderieren, haben Sie gute Chancen, auch schwierige Themen konstruktiv zu meistern.

Ein guter Einstieg ...

- gibt Orientierung über Ziele, Teilnehmer:innen und Rahmen (Anlass, Zeit, Agenda) der Besprechung.
- klärt, wie die Zusammenarbeit ausschauen soll.
- schafft Motivation, an der Besprechung teilzunehmen.
- baut Vertrauen zum Moderator oder zur Moderatorin und den anderen Teilnehmer:innen auf.
- klärt Erwartungen, Wünsche und Widerstände der Teilnehmer:innen.

Mit der Eröffnung bestimmen Sie bereits den Erfolg der Besprechung. Starten Sie jede Besprechung deshalb wertschätzend und motivierend!

Beispiel: Anmoderation !

»Herzlich willkommen! Mir liegt unser heutiges Treffen sehr am Herzen. Deshalb freut es mich, dass Ihr Euch die Zeit frei gemacht habt, damit wir wichtige Entscheidungen dazu erarbeiten können. Verglichen mit einer Fußball-WM steht nach unserer Besprechung einem Einzug ins Finale nichts mehr im Weg.«

Phase 2: Themen auswählen und gewichten

Klären Sie bereits zu Beginn, was das Ziel der Besprechung ist. Geht es nur um den Austausch von Informationen? Müssen Beschlüsse gefasst und Arbeitspakete verteilt werden? Sind die Teilnehmer:innen zur Mitentscheidung aufgerufen oder sollen sie lediglich ihr Wissen einbringen? Danach richtet sich, wie die Besprechungsinhalte gestaltet werden.

Die größtmögliche Beteiligung erhalten Sie, wenn alle Teilnehmer:innen ihre Wünsche einbringen können und die Auswahl übernehmen.

Themen auswählen und gewichten in drei Schritten

Aktion	Methoden
Teilnehmerabfrage: »Welche Themen gilt es heute zu besprechen?« Ergebnisse schriftlich festhalten.	• Offen auf Zuruf • Anonym auf Karten • Kleingruppenarbeit
Themen clustern: gleiche und ähnliche Themen zusammenfassen	Pinnwandtechnik zur Visualisierung
Themen priorisieren, auswählen und in eine Rangfolge bringen: »Jeder von Euch hat drei Punkte zum Markieren der aus seiner Sicht wichtigsten Themen zur Verfügung.«	Abstimmung per Handzeichen, Punkteabfrage auf der Pinnwand etc.

Phase 3: Bearbeiten der Themen

Jetzt werden die in der vorherigen Phase ausgewählten Themen diskutiert und intensiver bearbeitet. Je nachdem, wie komplex das Thema ist, wie weitgehend es bearbeitet werden muss und wie viele Teilnehmer:innen daran mitarbeiten, besteht diese Phase aus mehreren Schritten.

Achten Sie in jedem Fall darauf, den »roten Faden« nicht zu verlieren. Gerne schweifen Diskussionen in Nebensächlichkeiten ab oder es werden komplett neue Themen aufgerissen. Als Moderator:in gilt es, auf die Einhaltung einiger Regeln zu achten.

Besprechungsregeln !

- Jeder/jede Teilnehmer:in nimmt aktiv teil
- Ausreden lassen und vorherige Beiträge nicht bewerten (die Bewertung erfolgt erst in der nächsten Phase)

- Wenn jemand vom Thema abweicht: gelbe Karte zeigen
- Telefone und Computer sind während der Besprechung nicht erlaubt
- Pünktlichkeit
- Ideen auf Flipchart festhalten – einen Themenspeicher für neue Themen nutzen

Phase 4: Maßnahmen planen

Wenn die Themen aus unterschiedlichen Blickwinkeln beleuchtet und diskutiert wurden, können Lösungen gesammelt werden. Dazu müssen die Beiträge zunächst bewertet werden. Verständigen Sie sich vor der Bewertung auf gemeinsame Kriterien. Die Teilnehmer:innen werden sich dann leichter tun, offen ihre Zustimmung oder Ablehnung für einzelne Beiträge zu äußern.

Mögliche Bewertungskriterien sind

- einfache Umsetzung,
- günstigste Lösung,
- größter Nutzen,
- Schnelligkeit oder
- Akzeptanz beim Kunden.

Erstellen Sie mit den ausgewählten Inhalten einen von allen akzeptierten Maßnahmenplan. Dieser sollte aus folgenden vier Feldern bestehen.

- Was genau soll umgesetzt werden?
- Wer ist dafür verantwortlich?
- Bis wann wird die Aufgabe erledigt?
- Wie erfolgt die Rückmeldung an die Beteiligten?

!

Beispiel: Maßnahmenplan Beschwerdeprozess

Was?	Wer?	Bis wann?	Rückmeldung
Ist-Prozess erfassen und dokumentieren	MK und FG	1. April	Präsentation in der Montagsrunde
Schwachstellen finden, erste Vorschläge erarbeiten	DF, RD, BE und IH	30. April	Präsentation und Diskussion am 3. Mai, 15-17 Uhr
Überarbeitung in den Teams und Vorschläge sammeln	Teamleiter mit ihren Mitarbeiter:innen	15. Mai	Zusammentragen der Ergebnisse am 20. Mai, 15-17 Uhr

Phase 5: Abschluss

Nachdem die inhaltliche Arbeit beendet ist, sollten Sie die Besprechung positiv abschließen. Auch wenn nicht alle gewünschten Ergebnisse erzielt wurden und es ein zäher Prozess war, ist es wichtig, sich für die Mitarbeit zu bedanken und das Erreichte zu würdigen.

Zu einem gelungenen Abschluss gehört:

- das Ergebnis zu würdigen und Erfolge zu feiern,
- sich für die Mitarbeit zu bedanken,
- die positiven Aspekte der Zusammenarbeit herauszuheben,
- offengebliebene Themen und Fragen zusammenzutragen und den weiteren Umgang damit zu klären,
- das weitere Vorgehen aufzuzeigen sowie
- sich persönlich von den Teilnehmer:innen zu verabschieden.

4.1.3 Feedback geben und nehmen

Abb. 4: Feedback-Regeln

Eine offene, vertrauensvolle und von Wertschätzung geprägte Beziehung zu Ihren Mitarbeiter:innen ist die Grundlage für motiviertes und eigenverantwortliches Arbeiten. Dieser Beziehungszustand stellt sich nicht zufällig ein. Als Führungskraft wirken Sie aktiv daran mit, wenn es Ihnen gelingt, eine ehrliche »Rückmelde-Kultur« zu etablieren.

!

Tipp: Nicht geschimpft ist genug gelobt?

Jeder kennt es und viele leben es. Trotzdem ist das Sprichwort Quatsch! Nutzen Sie jede Gelegenheit aus dem Alltag zum spontanen Austausch mit Ihren Mitarbeiter:innen. Holen Sie sich Feedback ein zu Ihrer letzten Präsentation oder einem gemeinsamen Kundengespräch und geben Sie Feedback nicht nur anlässlich des Mitarbeiterjahresgesprächs oder im Falle eines Fehlverhaltens.

Nutzen des Feedback-Gesprächs

Feedback einzuholen, bringt folgende Vorteile:

- Feedback verschafft mir Klarheit darüber, wie der andere mich sieht, welche Gedanken und Gefühle mein Verhalten bei ihm auslösen.
- Es ermöglicht mir, meine Wahrnehmung zu überprüfen und zu korrigieren (wenn ich zum Beispiel glaube, dass meine Mitarbeiter:innen sauer auf mich sind, weil ich eine Extraschicht verordnet habe).
- Konstruktives Feedback ermöglicht mir, Veränderungen eigenverantwortlich anzugehen.

Hilfreiches Feedback bezieht sich immer auf konkrete und veränderbare Verhaltensweisen – den schielenden Feedback-Empfänger auf seinen Sehfehler hinzuweisen, wird seine Entwicklung nicht unterstützen! Achten Sie auf ein ausgewogenes Verhältnis zwischen störenden Beobachtungen und positiven Wahrnehmungen. Das macht es dem Empfänger leichter, das Feedback anzunehmen.

Die positive Wirkung von Feedback liegt darin, störende Verhaltensweisen zu korrigieren und die Zusammenarbeit effektiver zu gestalten. Feedback fördert den offenen Umgang miteinander und trägt dazu bei, dass Konflikte erst gar nicht entstehen. Voraussetzung ist, dass sich Feedbackgeber und -empfänger an bestimmte Regeln halten.

!

Feedback geben

Die größte Kunst ist es, meinem Gegenüber mitzuteilen, wie ich ihn sehe, ohne ihn dabei zu verletzen. Feedback sollte stets zukunfts- und zielorientiert sein. Fragen Sie sich vorab: »Wie muss das Feedback lauten, damit es für meinen Gesprächspartner hilfreich ist?«

1. **Freiwilligkeit beachten:** Fragen Sie vorab, ob Ihr Feedback erwünscht ist!
2. **Intention vor Inhalt:** Teilen Sie Ihre Absichten mit, bevor Sie die Inhalte vermitteln. Beispiel: »Ich möchte Sie dabei unterstützen, in Präsentationen noch professioneller zu wirken.«
3. **Beschreiben Sie, ohne zu bewerten:** Geben Sie Ihrem Gegenüber eine möglichst konkrete Beschreibung seines speziellen Verhaltens und Ihrer Reaktion darauf. Vermeiden Sie jede Infragestellung seiner Person.
4. **Konkret und umsetzbar:** Ihr Feedback sollte sich auf konkrete Beobachtungen und Wahrnehmungen beschränken, die Sie beschreiben können (keine Vermutungen und

Interpretationen). Achten Sie darauf, dass Ihr Feedback sich auf Verhaltensweisen bezieht, die Ihr Gegenüber annehmen und ändern kann.

5. **Rechtzeitig und klar:** Ihr Feedback sollte so bald wie möglich nach der Wahrnehmung des Verhaltens erfolgen. Formulieren Sie es klar und deutlich – reden Sie nicht um den »heißen Brei« herum.
6. **Zweimal loben – einmal kritisieren:** Den meisten Menschen fällt es schwer, Kritik einzustecken. Leichter ist es für den Empfänger, Kritik anzunehmen, wenn er merkt, dass auch die positiven Seiten gesehen werden.

Holen Sie sich als Führungskraft Feedback von Ihren Mitarbeiter:innen, Ihren Kolleg:innen und Ihren Chef:innen ein! Sie gewinnen damit Sicherheit, weil Sie erfahren, wie Sie wirken und welche Erwartungen Sie erfüllen und welche nicht. Und Sie vermitteln damit als Vorbild: Mir ist ein offener Austausch, auch über kritische Aspekte, wichtig!

Feedback nehmen

!

1. **Eigenverantwortung übernehmen:** Möchten Sie zu bestimmten Aspekten Rückmeldung erhalten? Dann fordern Sie dies aktiv ein. Sind Sie gerade nicht in der Stimmung für kritische Rückmeldungen? Dann bringen Sie auch das zum Ausdruck.
2. **Fragen Sie nach:** Stellen Sie Verständnisfragen, wenn Sie eine Rückmeldung nicht verstehen oder sie nicht zuordnen können. Beispiel: »Wann genau ist Ihnen dieses Verhalten bei mir aufgefallen?«
3. **Rechtfertigen Sie sich nicht:** Feedback ist ein Geschenk! Ob Sie es annehmen oder nicht, liegt bei Ihnen! Rechtfertigen Sie sich nicht für Ihr Verhalten – sonst kommt es schnell zu einer Diskussion, die offenes Feedback verhindert.
4. **Bedanken Sie sich:** Offenes und ehrliches Feedback geben fällt nicht leicht – vor allem, wenn es kritische Punkte enthält. Um die Offenheit Ihres Gegenübers zu fördern, bedanken Sie sich am Ende des Feedbacks für die Rückmeldungen!

Nach dem Einholen der Zustimmung des Feedbackempfängers gliedert sich ein ideales Feedbackgespräch in die folgenden drei Schritte. Die Chancen, dass eine Rückmeldung auf offene Ohren stößt, steigt damit deutlich.

Feedback-Ablauf

Eine konkrete Situation benennen	Während der Kundenpräsentation fiel mir auf, dass Ihr Blick überwiegend auf den Bildschirm gerichtet war.
Meine Wahrnehmung schildern	Mein Eindruck war, dass die Kunden sich dadurch nicht angesprochen fühlten und ihre Aufmerksamkeit gesunken ist.
Meinen Wunsch formulieren	Für die Zukunft wünsche ich mir von Ihnen, dass Sie mehr Blickkontakt mit den Zuhörern halten.

4.1.4 Beurteilungsgespräche führen

Schnell geht Lob, aber auch berechtigte Kritik im Arbeitsalltag unter. Systematisch durchgeführte Beurteilungsgespräche dienen der Standortbestimmung der Mitarbeiter:innen und tragen so zur Motivations- und Leistungssteigerung bei.

Beim Beurteilungsgespräch beurteilen Sie als Führungskraft Arbeitsergebnisse und Leistungen Ihrer Mitarbeiter:innen nach einem standardisierten Verfahren. Damit werden folgende Ziele verfolgt:

- Mitarbeiter:innen erhalten Rückmeldung zu ihren Stärken und Schwächen
- Motivation und Leistungssteigerung der Mitarbeiter:innen
- Einschätzung des Potenzials der Mitarbeiter:innen
- Qualifizierungsplanung für Mitarbeiter:innen

!

Achtung: Fehler vermeiden

Fehlerhaft durchgeführt, kann das Beurteilungsgespräch auch zu Frust und Leistungsrückgang bei Mitarbeiter:innen führen. Achten Sie deshalb auf eine gute Vorbereitung, transparente Beurteilungskriterien und nachvollziehbare Bewertungen.

Beurteilungskriterien

In vielen Unternehmen ist die Mitarbeiterbeurteilung standardisiert. Neben allgemeinen Angaben zu Funktion, Verantwortungsbereich und Aufgaben der Mitarbeiter:innen sind hier die Beurteilungskriterien und eine Bewertungsskala zu finden.

Sind Sie nicht an solche Vorgaben gebunden, so zeigt das folgende Beispiel, wie ein Beurteilungsbogen aufgebaut sein kann.

Muster-Beurteilungsbogen

Beurteilungsbogen		
Mitarbeiter:in:	Personalnummer:	Zeitraum:
Norbert Scharl	123456	01.01.19–31.12.19
I. Funktion – Verantwortungsbereich – Aufgaben		
Abteilungsleiter Controlling Verantwortlich für: Berichtswesen, Kostenplanung, Absatzplanung, Betriebsmittelsteuerung …		
Aufgaben: • Erstellung der Monats-, Quartals- und Jahrespläne • Führung von 3 Mitarbeiter:innen • Berichtet direkt an die Geschäftsleitung • Unterstützt die Abteilungen Produktion und Einkauf Enge Zusammenarbeit mit Vertrieb und Marketing		

II. Leistungsbeurteilung				
A: übertrifft die Anforderungen. B: erfüllt die Anforderungen. C: erfüllt die Anforderungen überwiegend. D: erfüllt die Anforderungen in wesentlichen Teilen nicht.				
Fachliche Qualifikation	A	B	C	D
Fachwissen	x			
Arbeitsqualität		x		
Organisation		x		
Selbstständigkeit	x			
Engagement	A	B	C	D
Motivation		x		
Ausdauer	x			
Arbeitseinstellung		x		
Weiterbildungen		x		
Verantwortlichkeit	A	B	C	D
Kostenbewusstsein	x			
Kooperationsverhalten			x	
Zielstrebigkeit		x		
Qualitätsbewusstsein		x		
Teamverhalten	A	B	C	D
Kommunikation		x		
Konfliktverhalten			x	
Zusammenarbeit		x		
Informationsverhalten		x		
Führungsverhalten	A	B	C	D
Entscheidungsfreude	x			
Überzeugungsfähigkeit		x		
Delegationsbereitschaft			x	
Empathie		x		

III. Potenzialeinschätzung durch die Führungskraft	
Herr Scharl ist durch seine hohe fachliche Kompetenz genau richtig positioniert. Eine weitere führende Tätigkeit im Controlling wird empfohlen. Herr Scharl sollte verstärkt mit anderen Abteilungsleitern und Unternehmensbereichen kooperieren. Dann könnte er sich aufgrund seiner Fähigkeit des vernetzten Denkens in eine Bereichsleiterfunktion entwickeln.	
IV. Entwicklungswünsche	
Verbleib im Bereich als Leiter Controlling. Aufstiegsperspektiven im Fachbereich. Zusätzliche Entscheidungskompetenzen.	
V. Ziele und Maßnahmen	
Herr Scharl führt zur Verbesserung der Kooperation regelmäßige Arbeitstreffen mit den anderen Abteilungsleitern durch. Er wird zur Entwicklung seiner Konfliktkompetenzen an einem Konflikttraining teilnehmen. Gemeinsam werden Themen definiert und beschrieben, die Herr Scharl an seine Mitarbeiter:innen delegieren wird, um diese gezielt in ihrer Entwicklung zu fördern.	
VI. Stellungnahme des Mitarbeiters	
Offenes Gespräch und fairer Austausch. Bewertungen decken sich im Wesentlichen mit meinen eigenen Wahrnehmungen. Dankbar für das Weiterbildungsangebot.	
Datum_______________ ____________________ Unterschrift Führungskraft	____________________ Unterschrift Mitarbeiter:in

Drei häufige Fehler im Beurteilungsgespräch

Fehler 1: Ungenaue Aussagen und Verallgemeinerungen

Schildern Sie Ihre Eindrücke konkret und in der Ich-Form. Ungenaue Aussagen und Verallgemeinerungen kann der Mitarbeiter oder die Mitarbeiterin weder verstehen noch umsetzen.

!

Beispiel: Unkonkret

Sagen Sie: »Ich empfinde Sie als zurückhaltend im Kontakt mit unseren Kunden, wenn ich sehe, wie Sie den unangenehmen Fragen ausweichen«, statt: »Man könnte meinen, Sie haben Angst vor unseren Kunden.«

Fehler 2: Vergleiche mit Kolleg:innen

Vergleichen Sie den Mitarbeiter:innen nicht mit Kolleg:innen. Mit den »besseren« Leistungen der anderen konfrontiert zu werden, ist demotivierend. Zeigen Sie dagegen genau auf, wie Sie es haben wollen und was genau Ihre Mitarbeiterin oder Ihr Mitarbeiter verändern soll.

Beispiel: Vergleiche mit Kolleg:innen !

Sagen Sie: »Ich hätte gerne, dass Sie offener auf die Kunden zugehen und deren Bedarf durch Fragen herausarbeiten«, statt: »Sehen Sie sich Herrn Engel an! Der ist eine Verkaufsmaschine. Da können Sie sich eine Scheibe abschneiden.«

Fehler 3: Übertreibungen

Vermeiden Sie Übertreibungen und zu emotionale Schilderungen. Gerade wenn es um die Schwächen der Mitarbeiter:innen geht, sollten Sie sachlich und möglichst objektiv Ihre Wahrnehmung schildern. Überzogene Kritik wird nicht zur Offenheit der Mitarbeiter:innen beitragen.

Beispiel: Übertreibungen !

Sagen Sie: »Ich sehe einen Entwicklungsbedarf, was Ihre Präsentationstechnik anbelangt. Sicher ist es möglich, die Zuhörer stärker einzubinden«, statt: »Bei Ihren Präsentationen schlafen einem regelmäßig die Füße ein. Was glauben Sie, was das für einen Eindruck auf unsere Kunden macht, wenn die Hälfte der Zuhörer zu schnarchen beginnt?«

4.1.5 Abmahnung und Kündigung

Unter bestimmten Voraussetzungen stehen dem Arbeitgeber arbeitsrechtliche Instrumente wie Abmahnung oder Kündigung zur Verfügung. Arbeitsrechtlich heißt, es müssen bestimmte rechtliche Voraussetzungen erfüllt sein, um diese Instrumente wirksam anwenden zu können. Auf die Feinheiten des Kündigungsschutz- oder Betriebsverfassungsgesetzes einzugehen, würde den Rahmen dieses Buches sprengen. Hier finden Sie dafür Anregungen, wie Sie Abmahnungs- und Kündigungsgespräche vorbereiten und führen können.

4.1.5.1 Abmahnung aussprechen

Bevor Sie Ihren Mitarbeiter:innen eine verhaltensbedingte Kündigung aussprechen können, müssen Sie sie abmahnen. Durch die Abmahnung signalisieren Sie Ihren Mitarbeiter:innen unmissverständlich: Mit Ihrem Verhalten bin ich nicht einverstanden. Falls Sie dieses nicht abstellen, werden Sie gekündigt.

Eine Abmahnung ist nur wirksam, wenn sie zwei Funktionen erfüllt, die Funktion der Rüge und der Warnung. Sie müssen Ihren Mitarbeiter:innen das Fehlverhalten detailliert schildern und sich auf konkrete Vorfälle beziehen. Eine schriftliche Dokumentation ist zwar gesetzlich nicht vorgeschrieben, jedoch ratsam. Die Abmahnung muss folgende drei Punkte enthalten:

- Zeitpunkt: Wann fand das Fehlverhalten statt?
- Ort: Wo fand es statt?
- Beanstandetes Verhalten: Was genau werfen Sie Ihren Mitarbeiter:innen vor?

!

Wichtig: Gründe für eine Abmahnung

Arbeitsleistung	**Gestörtes Vertrauen**
• Unpünktlichkeit • Unentschuldigtes Fehlen • Verstoß gegen betriebliche Regeln • Mangelhafte Erledigung der übertragenen Aufgaben	• Betrug, Diebstahl, Untreue • Tätlichkeiten und Beleidigungen von Vorgesetzten und Kolleg:innen • Sonstige unerlaubte Handlungen zum Nachteil des Arbeitgebers

Das Abmahnungsgespräch

Beim Abmahnungsgespräch sollten Sie zwei Dinge besonders beachten:

- Das Fehlverhalten wird konkret und unmissverständlich beschrieben.
- Für den Wiederholungsfall werden arbeitsrechtliche Konsequenzen angedroht (Kündigung).

Gesprächsleitfaden: Abmahnungsgespräch

Gesprächseröffnung	
Kurze, sachliche Begrüßung	Guten Tag Frau Schäfer, nehmen Sie bitte am Besprechungstisch Platz.
Thema benennen	
Gesprächszweck aufzeigen	Zweck unseres Gesprächs ist es, Sie abzumahnen. Das Protokoll dieses Gesprächs kommt in Ihre Personalakte.
Fehlverhalten konkret und deutlich beschreiben	Frau Schäfer, Sie sind in den letzten zwei Wochen viermal zu spät gekommen. Ihre Arbeitszeit beginnt um 7.00 Uhr. Letzte Woche Montag und Donnerstag und diese Woche Montag und Dienstag sind Sie aber erst nach 8.30 Uhr erschienen.

Erwartetes Verhalten beschreiben	Schichtwechsel ist um 7.30 Uhr. Um einen reibungslosen Schichtwechsel zu gewährleisten, ist es notwendig, dass Sie um 7.00 Uhr an Ihrem Arbeitsplatz sind und Ihre Arbeit aufnehmen. So haben wir das auch im Arbeitsvertrag vereinbart.
Mitarbeiter:innen ermahnen	Frau Schäfer, ich fordere Sie auf, künftig pünktlich um 7.00 Uhr an Ihrem Arbeitsplatz zu erscheinen und mit der Arbeit zu beginnen.
Konsequenzen androhen	Sollten Sie dennoch wieder zu spät kommen, müssen Sie mit arbeitsrechtlichen Konsequenzen bis hin zur Kündigung rechnen.
Verhalten des Mitarbeiters/der Mitarbeiterin aufnehmen	
Zur Stellungnahme auffordern	Frau Schäfer, erklären Sie mir bitte die Hintergründe Ihres Verhaltens.
Einwände des Mitarbeiters/der Mitarbeiterin behandeln	
Ja, aber …	Die Abmahnung ist begründet und kommt so in Ihre Personalakte. Meine Entscheidung hierzu steht fest. Frau Schäfer, wenn es wichtige Gründe gibt, die Sie davon abhalten, pünktlich zur Arbeit zu kommen, dann teilen Sie uns diese bitte umgehend mit. In diesem Fall bleibt es bei der Abmahnung, meine Entscheidung dazu steht fest.

4.1.5.2 Kündigung aussprechen

Egal ob Sie betriebsbedingt kündigen oder aufgrund eines Fehlverhaltens des Mitarbeiters oder der Mitarbeiterin – die Situation ist gespannt. Eine Kündigung ist für die Betroffenen zunächst ein Schock. Und Sie haben die Aufgabe, die Hiobsbotschaft zu überbringen. Als Chef:in ist es Ihre Aufgabe, die Situation nicht noch schlimmer zu machen.

Tipp: Nicht auf Verständnis hoffen !

Versuchen Sie in einem Kündigungsgespräch erst gar nicht einen Konsens oder beiderseitige Zufriedenheit zu erreichen. Drängen Sie auch nicht darauf, dass Mitarbeiter:innen Verständnis für Sie entwickeln oder ihr Fehlverhalten einsehen. Achten Sie stattdessen darauf, möglichst ruhig und sachlich zu argumentieren.

Hintergründe, die Sie wissen sollten

Gekündigt zu werden, bedeutet für Ihre Mitarbeiter:innen eine akute Krisensituation. Menschen gehen mit Krisen sehr unterschiedlich um. Die Bandbreite der emotionalen Reaktionen nach dem ersten Schock reicht von stummer Fassungslosigkeit über Tränen bis zu lauten Wutausbrüchen. Akzeptieren Sie all diese Emotionen, ohne sie zu bewerten oder zu beschwichtigen. Machen Sie nur Zusagen, die das Unternehmen hundertprozentig einhalten kann. Als Führungskraft sind Sie mitverantwortlich für das Unternehmen und die Entscheidung, nehmen Sie diese Verantwortung an.

Zeigen Sie Verständnis für die schwierige Situation Ihrer Mitarbeiter:innen und bleiben Sie klar in der Sache.

!

Wichtig: Außerordentliche Kündigung

Für eine außerordentliche (fristlose) Kündigung müssen schwerwiegende Gründe vorliegen:
- beharrliche Arbeitsverweigerung
- wiederholter Alkoholkonsum während der Arbeitszeit
- Tätlichkeiten und Beleidigungen
- Untreue und Diebstahl

Gesprächsleitfaden: Kündigung

Gesprächseröffnung	
Kurze, sachliche Begrüßung	• Hallo Herr Neuner … • Guten Morgen Herr Neuner, bitte nehmen Sie doch Platz.
Thema benennen	
Kündigung aussprechen	• Ich habe mich entschieden, Ihnen einen Auflösungsvertrag anzubieten. • Wegen des Firmenzusammenschlusses muss ich Ihnen kündigen.
Verhalten des Mitarbeiters/der Mitarbeiterin aufnehmen	
Nehmen Sie Ihre Mitarbeiter:innen ernst.	Ich kann mir vorstellen, dass dies ein Schock für Sie ist.
	Ich übernehme voll und ganz die Verantwortung für meine Entscheidung.
Einwände behandeln	
Ja, aber …	• Meine Entscheidung steht fest. • Ich werde meine Entscheidung nicht diskutieren, sie steht fest.
Zwischenstand	
Sicherstellen, dass die Botschaft angekommen ist.	Sie wissen von dem Stellenabbau bei uns. Haben Sie damit gerechnet?
Feedback geben	(Legen Sie Zahlen, Daten und Fakten über den Selektionsprozess offen.)

Ziele definieren	
Fakten benennen	• Ihre Abfindung beträgt (Summe nennen). • Damit Sie sich neu orientieren können, erhalten Sie kostenlose Beratung von einem Outplacement-Team. • Sie haben noch Resturlaub, wann möchten Sie diesen nehmen? • Möchten Sie vorzeitig freigestellt werden? • Bitte übergeben Sie Ihre laufenden Projekte bis zum (Datum nennen) Ihrer Kollegin.
Prozedere festlegen	• Selbstverständlich erhalten Sie ein Zeugnis! • Haben Sie noch Fragen zum weiteren Vorgehen?
Freiräume schaffen	Bitte nehmen Sie sich die Zeit, wenn Sie sich bei anderen Unternehmen bewerben wollen. Natürlich können Sie dies während der Arbeitszeit tun.
Abschluss	
Dank	Für die gute Zusammenarbeit möchte ich mich bedanken.

4.2 Führen mit Zielen

Es ist nichts als die Tätigkeit nach einem bestimmten Ziel,
was das Leben erträglich macht.
Friedrich von Schiller (1759–1805)

Zu Schillers Aussage kann jeder stehen, wie er will. Fest steht: In Ihrer Rolle als Führungskraft sind Sie vor allem den grundsätzlichen Unternehmenszielen verpflichtet. Erfolgreich können Sie nur sein, wenn es Ihnen gelingt, Ihre Mitarbeiter:innen für diesen übergeordneten Auftrag zu begeistern. Im Idealfall passen die persönlichen Ziele und Potenziale der Mitarbeiter:innen mit den Unternehmenszielen zusammen. Dann haben Sie leichtes Spiel. Sie müssen Ihren Mitarbeiter:innen nur das »Big Picture« vermitteln und alle werden versuchen, ihren Beitrag zu leisten.

!

Achtung: Wozu Ziele?

Ein Ziel ist ein in der Zukunft liegender, erstrebenswerter Zustand. Allerdings: Nur wenn das Ziel auch für Ihre Mitarbeiter:innen erstrebenswert ist, wird es sie motivieren und ihre Eigeninitiative fördern!
Ziele sorgen dafür, dass

- Aktivitäten in Gang kommen,
- Eigenverantwortung und Selbststeuerung möglich werden,
- die Mitarbeiter:innen sich mit dem Unternehmen identifizieren können,
- Prioritäten sinnvoll gesetzt werden können.

4.2.1 SMARTe Ziele

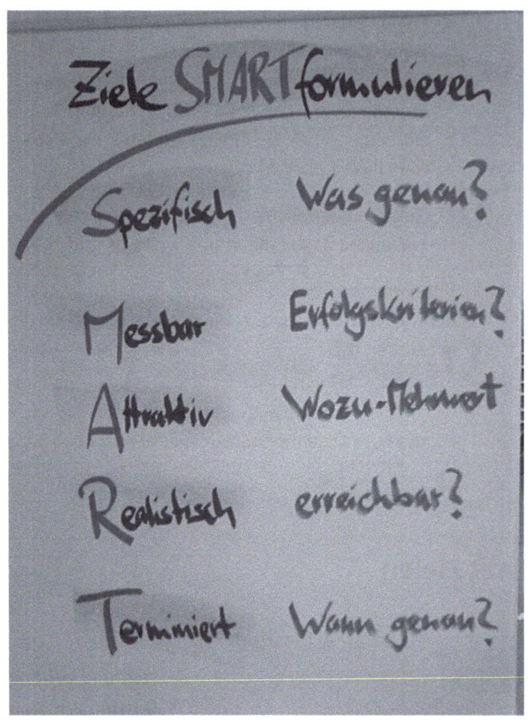

Abb. 5: Smarte Ziele

Das Thema »Zielvereinbarung« ist bei vielen Mitarbeiter:innen und Führungskräften negativ belastet. Aussagen wie: »Die Ziele sind sowieso nie zu erreichen und außerdem ungerecht!« oder »Der Aufwand ist riesig, und am Ende kommt doch nichts dabei rum!« sind an der Tagesordnung.

!

Beispiel: Realistisch und konkret?

Dominik Feiler überrascht seinen Schichtleiter mit folgender Zielformulierung: »Herr Schneider, die Fehlerquote in Ihren Nachtschichten ist viel zu hoch! Ich erwarte, dass Sie die deutlich senken. Und wir haben eine gute Auftragslage. Deshalb setzen wir im nächsten Quartal ein Plus von 25 Prozent in die Zielvereinbarung.«

Abgesehen davon, dass Dominik Feiler hier Ziele vorgibt und nicht vereinbart, weiß Herr Schneider nach dem Gespräch nicht, was eine »deutliche« Senkung der Fehlerquote konkret für ihn bedeutet. Auch eine willkürliche Aussage zur Produktivität bewirkt keine Motivation, sondern das Gegenteil.

Ziele sind nur dann geeignet, zu motivieren und die Mitarbeiter:innen auf ein gemeinsames Ziel auszurichten, wenn grundlegende Punkte beachtet werden.

Die SMART-Formel

Spezifisch	Beschreiben Sie das Ziel so konkret wie möglich. Es muss für Ihre Mitarbeiter:innen verständlich und nachvollziehbar sein.
Messbar	Verwenden Sie eindeutige Kriterien. Sie dienen später der Überprüfung der Zielerreichung.
Attraktiv	Ziele sollten fordern, ohne zu überfordern. Achten Sie auf die Potenziale und Interessen Ihrer Mitarbeiter:innen.
Realistisch	Das Ziel sollte erreichbar und von Ihren Mitarbeiter:innen unmittelbar beeinflussbar sein.
Terminiert	Vereinbaren Sie einen festen Zeitpunkt, wann das Ziel erreicht sein muss.

4.2.2 Ziele motivierend definieren

Eine Zielbeschreibung ist keine Aufgabenbeschreibung! Stellen Sie sich und Ihren Mitarbeiter:innen die Frage: Haben wir einen erstrebenswerten Zustand in der Zukunft formuliert oder doch nur eine Aufgabe auf dem Weg dorthin? Vermeiden Sie es, Ziele »top-down« vorzugeben. Das widerspricht dem Ansatz der Vereinbarung und eignet sich nicht, um Mitarbeiter:innen zu motivieren. Zwei gängige Methoden zur Zielfindung, jeweils mit Vor- und Nachteilen, stellen wir Ihnen hier vor:

- **Bottom-Up-Verfahren**
  Hier erfolgt die Zielbildung von unten nach oben. Ihre Mitarbeiter:innen formulieren eigene Ziele und geben sie nach oben weiter. Das wirkt sich positiv auf ihre Motivation aus, da sie eigenes Wissen einbringen können und einbezogen werden. Das Verfahren birgt aber auch Konfliktpotenzial, da die Unternehmensleitung Ziele in der Regel zukunftsorientiert formuliert. Die Mitarbeiter:innen hingegen richten ihre Ziele häufig an den Ergebnissen der Vergangenheit aus.
- **Gegenstrom-Verfahren**
  Das Gegenstromverfahren ist eine Kombination aus Top-down- und Bottom-up-Verfahren. Bei diesem Verfahren geben Sie Ihr Oberziel für die Abteilung bekannt und fordern Ihre Mitarbeiter:innen auf, ihre Einschätzung und ihren möglichen

Beitrag dazu einzubringen. Das erfordert einen erhöhten Abstimmungsaufwand, da oft mehrere Rückkopplungsrunden benötigt werden, bevor ein Ergebnis erzielt wird. Die Vorteile liegen aber auf der Hand: Ihre Mitarbeiter:innen unterstützen die Ziele der Abteilung und können ihr Wissen in die Zielfindung einbringen.

4.2.3 Zielerreichung kontrollieren

Wenn Sie Ziele setzen, sollten Sie auch deren Erreichung kontrollieren. Auch wenn das misstrauisch wirken mag: Nicht kontrollierte Ergebnisse sind beliebig und damit für Ihre Mitarbeiter:innen demotivierend – egal ob sie erreicht wurden oder nicht. Die Kontrolle dient dem Abgleich des Ist- mit dem angestrebten Soll-Zustand. Analysieren Sie gemeinsam mit Ihren Mitarbeiter:innen die Gründe für Abweichungen und leiten Schlüsse für die Zukunft ab. Geschieht das in einer partnerschaftlichen und offenen Art und Weise, dann nehmen Ihre Mitarbeiter:innen das Zielerreichungsgespräch als Unterstützung und nicht als »Abrechnung« wahr.

!

Beispiel: Kundenzufriedenheit

Oskar Schinze ist Teamleiter des Kundenservice einer großen Küchenschreinerei. Mit seinen Mitarbeiter:innen vereinbart er Ziele, die auf Qualität und Kundenzufriedenheit ausgerichtet sind. Bei Max Meier ist er sich unsicher, ob dieser seine Ziele erreichen kann. Zur Unterstützung erscheint er öfters auf Max Meiers Baustellen, um die Ergebnisse zu kontrollieren: »Max, was machst Du denn da? Lass mich mal machen, sonst wird das nie klappen.«

Wie viele junge Führungskräfte neigt Oskar Schinze dazu, seinen Mitarbeiter:innen zwar die Verantwortung zu übertragen, die Umsetzung jedoch kontrolliert er misstrauisch und engmaschig. So vermittelt er seinen Mitarbeiter:innen, dass er ihnen eine selbstständige Erfüllung der Aufgabe nicht zutraut. Die Verantwortung für die Zielerreichung entzieht er seinen Mitarbeiter:innen damit wieder.

!

Wichtig: Fordern und fördern

Ziele, die Sie vereinbaren, sollen Ihre Mitarbeiter:innen fordern und fördern. Dazu müssen Ihre Mitarbeiter:innen selbstständig Erfahrungen sammeln und eigene Wege gehen. Das funktioniert nur, wenn Sie Ihren Mitarbeiter:innen die Chance lassen, selbst ihren Weg zu finden, auch wenn der manchmal länger ist. Durch zu enge Kontrollen verlieren Sie als Führungskraft nicht nur Glaubwürdigkeit, sondern demotivieren auch Ihre Mitarbeiter:innen.

So kontrollieren Sie die Zielerreichung Ihrer Mitarbeiter:innen richtig:

- Besprechen Sie mit Ihren Mitarbeiter:innen bereits im Vorfeld, was und wie kontrolliert wird.
- Kontrollieren Sie die Ergebnisse und nicht den Weg.

- Führen Sie die Kontrollen gemeinsam mit Ihren Mitarbeiter:innen durch und fördern Sie die Selbstkontrolle Ihrer Mitarbeiter:innen.
- Kontrollieren Sie nicht zu viel und zu häufig.
- Versetzen Sie sich in die Lage Ihrer Mitarbeiter:innen: Was können Sie erwarten? Welche Unterstützung brauchen sie?

4.2.4 Das Zielgespräch führen

In vielen Unternehmen existieren Checklisten und Formulare für das Zielgespräch. Nicht nur wenn die Zielerreichung sich auf das Gehalt der Mitarbeiter:innen auswirkt, sollten die Inhalte schriftlich festgehalten werden. Mit den folgenden Fragen können Sie das Gespräch vorbereiten:

- Welche Ziele könnten meine:n Mitarbeiter:in motivieren? Welche die persönliche und fachliche Entwicklung fördern?
- Wo kann mein:e Mitarbeiter:in am besten zum Erreichen der Abteilungsziele beitragen?
- Wie müsste ein Ziel aussehen, das für meine:n Mitarbeiter:in fordernd, aber nicht überfordernd ist?
- Welche Ziele würde sich mein:e Mitarbeiter:in selbst setzen?
- Mit welchen Hindernissen ist zu rechnen? Welche Unterstützung, Instrumente und Informationen braucht mein:e Mitarbeiter:in für die Zielerreichung?
- An welchen Größen kann die Zielerreichung gemessen werden?
- Welche Zwischenergebnisse sollten vereinbart werden?

Das Zielgespräch sollte von beiden Seiten vorbereitet werden. Bitten Sie Ihre:n Mitarbeiter:in, sich im Vorfeld Gedanken zu machen und eigene Zielvorstellungen zu formulieren.

Gesprächseröffnung	
Thema und Ziel	Frau Schubert, wir reden heute über Ihre Zielerreichung des vergangenen und die neuen Ziele des kommenden Jahres.
Rahmenbedingungen und Gesprächsziel	Mir ist es wichtig, alle Aspekte mit Ihnen in Ruhe zu besprechen. Deshalb sind 1½ Std. für unser Gespräch angesetzt. So können wir ein Ergebnis erzielen, das für alle passend ist.
Rückblick: Überprüfung der Zielerreichung	
Überblick	Bevor wir die einzelnen Kriterien durchgehen, lassen Sie mich vorweg schon mal sagen: Sie haben im letzten Jahr ordentliche Ergebnisse geliefert.
Zufriedenheit des Mitarbeiters/der Mitarbeiterin	Schildern Sie mir bitte zunächst Ihre Erfahrungen: Was lief gut und weniger gut? Wie zufrieden sind Sie mit Ihrer Position im Team?

Selbsteinschätzung des Mitarbeiters/der Mitarbeiterin	Frau Schubert, lassen Sie uns nun über Ihre Selbsteinschätzung sprechen. Erläutern Sie mir doch bitte die von Ihnen vorgenommenen Bewertungen.
Abgleich der Bewertungen und Diskussion	Bei den Aspekten Arbeitsgenauigkeit und Serviceorientierung komme ich zu den gleichen Ergebnissen wie Sie. Anders bewerte ich die Erreichung des Ziels »Neue Kunden gewinnen«. Konkret sieht es so aus: ...
Zusammenfassung der Zielerreichung	Frau Schubert, mit Ihren Leistungen sowie dem Grad der Zielerreichung bin ich sehr zufrieden. Ich danke Ihnen für Ihren Einsatz im abgelaufenen Jahr.
Ausblick: Zielvereinbarung für das Folgejahr	
Mitarbeiterwünsche anhören	Welche Ideen und Vorstellungen haben Sie bezüglich der Ziele für das kommende Jahr?
Abgleich der Ideen und gemeinsame Erarbeitung der Ziele	Mit Ihren Zielen bin ich grundsätzlich einverstanden. Wie ist es für Sie, wenn wir als persönliches Entwicklungsziel noch folgenden Aspekt aufnehmen: ... Meine Vorschläge für konkrete Arbeitsziele sind folgende: ...
Gesprächsabschluss	
Zusammenfassung der Vereinbarung (auch schriftlich)	Ich fasse noch einmal kurz zusammen: Ihre Ziele mit hoher Priorität sind: ... Mit mittlerer Priorität habe ich folgende Ziele markiert: ... Das Gesprächsergebnis übertrage ich in unser Formular und gebe es Ihnen, bevor wir eine Kopie in Ihrer Akte ablegen.
Mitarbeiter:in um Feedback bitten	Frau Schubert, jetzt bitte ich Sie noch um Ihre Rückmeldung zu unserem Gespräch und den vereinbarten Zielen.
Positiver Gesprächsabschluss	Vielen Dank für Ihre Offenheit, Frau Schubert. An dieser Stelle möchte ich mich auch ausdrücklich für Ihren Einsatz bedanken.

!

Tipp: Führen mit Zielen

- Erarbeiten Sie Ziele immer gemeinsam mit Ihren Mitarbeiter:innen.
- Berücksichtigen Sie, wenn möglich, die beruflichen und privaten Entwicklungsziele Ihrer Mitarbeiter:innen.
- Vereinbaren Sie ausschließlich realisierbare Ziele.
- Begründen Sie Ihre Zielvorstellungen: Welche positiven Auswirkungen hat eine Zielerreichung für das Unternehmen?
- Vereinbaren Sie auch »weiche« Ziele. Selbst wenn Aspekte wie »Teamverhalten« und »Kommunikationsstärke« nur schwer messbar sind, eröffnen Sie Ihren Mitarbeiter:innen klare Perspektiven.

4.3 Delegation

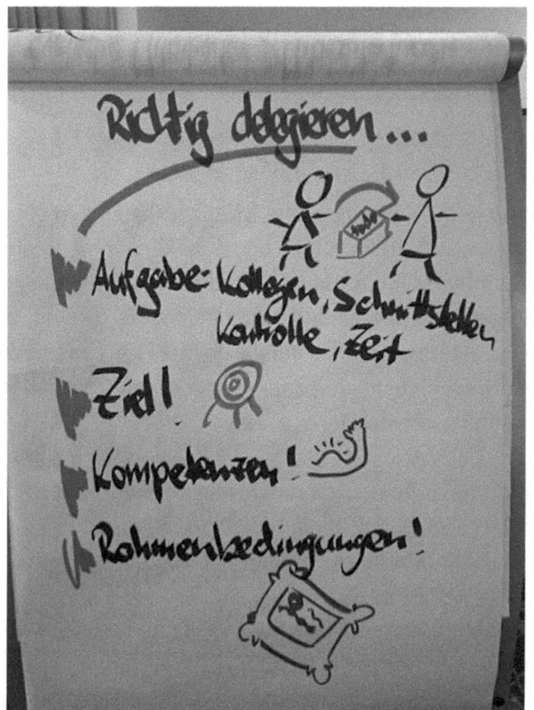

Abb. 6: Richtig delegieren

Ihr Erfolg als Führungskraft hängt direkt von den Arbeitsergebnissen Ihrer Mitarbeiter:innen ab. Sehr wahrscheinlich haben Sie bisher selbst hervorragende Ergebnisse produziert, sonst wären Sie kaum Führungskraft geworden. Machen Sie sich bewusst, dass Ihre eigene Fachkompetenz, um gute Ergebnisse zu erzielen, in Zukunft nicht mehr reicht. Nur mit kompetenten und verantwortlich handelnden Mitarbeiter:innen können Sie auf Dauer erfolgreich sein. Das Führungsinstrument Delegation spielt hierfür eine Schlüsselrolle. Wenn Sie richtig delegieren, gelingt es Ihnen gleichzeitig, anspruchsvolle Abteilungsziele zu erreichen und Ihre Mitarbeiter:innen zu fördern und zu motivieren.[5]

5 Die Ausführungen zu Kapitel 4.3 Delegation finden Sie ebenfalls in unserem Buch »Ab jetzt Führungskraft. So meistern Sie die ersten 100 Tage«, erschienen im Verlag Business Village.

!

Beispiel: Fach- oder Führungskraft

Nach 10 Jahren in der internen Revision ist Edgar Schmitz zum Abteilungsleiter Revision befördert worden. Schließlich hat er all die Jahre mit hohem Einsatz bewiesen, dass ihm fachlich niemand das Wasser reichen kann. Die ersten Monate laufen prima. Die Geschäftsleitung ist sehr zufrieden mit den Ergebnissen. Nur seine Mitarbeiter:innen machen Edgar Schmitz Sorgen. Die Bereitschaft für Extraarbeiten ist deutlich gesunken und die Teamstimmung auf einem Tiefpunkt.

Wie viele fachkompetente Führungskräfte ist Edgar Schmitz in ein gerne genutztes Fettnäpfchen getreten: Mit großem Elan und Schaffensdrang übernahm er alle anspruchsvollen und interessanten Aufgaben selbst. Schließlich konnte er so sichergehen, dass die Ergebnisse passen und termingerecht fertig sind. Übersehen hat er dabei, dass für seine Mitarbeiter:innen nur die uninteressanten Routinearbeiten übrig blieben. Diese sind weder inhaltlich spannend, noch bieten sie den Mitarbeiter:innen die Chance, sich weiterzuentwickeln.

Nutzen Sie das Instrument Delegation zur Entwicklung und Motivation Ihrer Mitarbeiter:innen. Folgende Fragen helfen Ihnen in der Vorbereitung:

- Mit welchen Projekten können sich meine Mitarbeiter:innen fachlich weiterentwickeln?
- Was könnte sie interessieren? Mit welchen Aufgaben können sie sich gut identifizieren? Woran würden sie gerne arbeiten?
- Welche Kompetenzen müssen sich meine Mitarbeiter:innen aneignen, um höherwertige Aufgaben übernehmen zu können?

4.3.1 Delegierbar oder nicht?

Wenn Sie richtig delegieren, schlagen Sie zwei Fliegen mit einer Klappe: Sie selbst entlasten sich und erhalten Freiräume für Strategie- und Führungsaufgaben. Ihre Mitarbeiter:innen werden in ihrer Kompetenz und Verantwortung gestärkt, was stets motivierend wirkt. Doch Vorsicht: In Ihrem Verantwortungsbereich sind auch Aufgaben, die Sie nicht delegieren können. Grundsätzlich gilt, alles andere kann auch von Ihren Mitarbeiter:innen übernommen werden.

Delegierbar	Nicht delegierbar
Routineaufgaben: Wiederkehrende Aufgaben und Aufgaben, die nicht zwingend Ihr Know-how als Führungskraft erfordern, sollten Sie unbedingt delegieren.	**Führungsaufgaben:** Um Mitarbeiter:innen zu beurteilen, Kritik- oder Gehaltsgespräche zu führen, sind besondere Kompetenzen und die entsprechende Verantwortung als Führungskraft erforderlich.

Delegierbar	Nicht delegierbar
Spezialistenaufgaben: Sie sollten auch von Spezialisten ausgeführt werden. Ihre Führungsaufgabe erfordert Überblick und Einsicht in alle Aufgabengebiete. Sie sind also als Generalist gefordert.	**Vertrauliche Aufgaben:** Aufgaben, die vertrauliche Informationen beinhalten (wie Gehaltsvereinbarungen, Wirtschaftlichkeitsberechnungen oder Personalplanungen), dürfen nicht delegiert werden.
Ganze Aufgabenbereiche: Die Übertragung ganzer Aufgabenbereiche ist mit viel Verantwortung und Vertrauen gegenüber den Mitarbeiter:innen verbunden.	**Strategische Aufgaben:** Als Führungskraft tragen Sie Ihren Teil zum Unternehmenserfolg durch strategische Entscheidungen bei. Die Verantwortung dafür ist nicht delegierbar.

Übung: Überblick verschaffen !

Erstellen Sie eine Tabelle und tragen Sie in jedes Feld Ihre Routineaufgaben, Führungsaufgaben etc. ein. Im zweiten Schritt analysieren Sie, welche Mitarbeiter:innen Aufgaben aus der linken Spalte übernehmen können.

Mit einer gezielten Übertragung der delegierbaren Aufgaben schaffen Sie für sich selbst und Ihre Mitarbeiter:innen eine Reihe von Vorteilen:

- Sie entlasten sich von Führungsaufgaben und gewinnen Zeit für Führung.
- Sie setzen Motivationsanreize und schaffen eine höhere Identifikation mit der Arbeit.
- Die fachliche Qualifikation Ihrer Mitarbeiter:innen steigt.
- Ihre Mitarbeiter:innen werden stärker in Entscheidungsprozesse eingebunden.

Abb. 7: Delegieren (Illustrator: Lars Krone)

! **Tipp: Kompetenzen entwickeln**

Ihre Mitarbeiter:innen sollen Aufgaben erfüllen, um zum Abteilungsziel beizutragen, richtig? Denken Sie immer daran: Die Ziele und Herausforderungen in Ihrem Verantwortungsbereich werden sehr wahrscheinlich wachsen. Dazu benötigen Sie Mitarbeiter:innen, die ebenfalls »wachsen«. Ihre Mitarbeiter:innen sollten lernen, Probleme zu überwinden und eigene Wege zu gehen. Greifen Sie also nicht zu stark ein, wenn Ihre Mitarbeiter:innen mit Schwierigkeiten in der Umsetzung zu Ihnen kommen. Unterstützen Sie sie vielmehr darin, selbst Lösungen zu erarbeiten.

4.3.2 Richtig Delegieren

Wenn das Ergebnis einer Aufgabendelegation nicht Ihren Vorstellungen entspricht, haben Sie vielleicht vorher schlampig delegiert. Suchen Sie erst den Fehler bei sich selbst, bevor Sie Mitarbeiter:innen beschuldigen. Mit der folgenden IMPUT+K-Checkliste haben Sie alle wichtigen Aspekte der Delegation im Blick.

Checkliste IMPUT+K

Inhalt	Was soll die Mitarbeiterin oder der Mitarbeiter genau tun?
Motivation + Ziel	Warum und wozu soll es getan werden? Wie wichtig? Wie dringend? Was ist der Mehrwert für das Unternehmen? In welchem größeren Kontext steht die Aufgabe?
Person	Wer soll es tun? Passen die Fähigkeiten des Mitarbeiters/der Mitarbeiterin? Wer kann ihn unterstützen? Mit wem sollte er zusammenarbeiten?
Umfang + Details	Wie und womit soll es getan werden? Regeln? Verantwortung und Befugnisse? Informationen? Budget und Arbeitsmittel?
Termin	Wann soll es fertig sein? Anfangs- Zwischen- und Endtermine? Berichtspflicht?
Kontrolle	Woran wird das Ergebnis gemessen? Was genau sind die Kriterien? Zwischenkontrollen? Rückmeldung über das Ergebnis?

4.3.3 Das Delegationsgespräch

Die Delegation von Aufgaben benötigt zunächst Zeit: Zeit für die Vorbereitung, das Gespräch sowie Unterstützungs- und Kontrollgespräche. Wenn Ihre Mitarbeiter:innen mit der neuen Aufgabe wachsen und Sie entlastet werden, ist die Zeit gut investiert. Nehmen Sie sich vor allem ausreichend Zeit für das erste Gespräch und führen Sie es im Dialog. Nur so können Sie sicher wissen, was bei Ihren Mitarbeiter:innen angekommen ist.

Der folgende Gesprächsleitfaden gibt Ihnen eine Orientierung, um alle wichtigen Aspekte der Delegation im Blick zu behalten.

Gesprächseröffnung	
Thema und Ziel	Herr Gebel, ich möchte heute mit Ihnen über die Lieferantenbetreuung sprechen. Ich wünsche mir, dass Sie diese übernehmen.
Interesse und Motivation	Ihre Erfahrung mit externen Partnern zeichnet Sie für diese Aufgabe aus. Sie erhalten dadurch mehr Verantwortung.
Inhalte der Delegation	
Was?	Sie wären in Zukunft der alleinige Ansprechpartner für alle Lieferanten. Dazu gehört: ...
Wozu?	Die aktuelle Marktlage lässt bei unseren Verkaufspreisen keine Steigerungen zu. Um unsere Ziele zu erreichen, gilt es, im Einkauf die Konditionen zu optimieren. Konkret bedeutet das: ...
Mitarbeiter:innen abholen	
Einverständnis abholen	Können Sie sich vorstellen, das Aufgabengebiet nach einer Einarbeitungszeit selbstständig zu übernehmen?
Verständnis sichern	Welche Fragen haben Sie noch? Schildern Sie mir doch bitte die Aufgabe aus Ihrer Perspektive.
Unterstützung anbieten	
Hilfe anbieten	Wenn Fragen oder Probleme auftreten, können Sie sich jederzeit an mich wenden.
Vertrauen aussprechen	Ich bin mir sicher, dass Sie die Betreuung unserer Lieferanten erfolgreich übernehmen, und vertraue Ihnen hier voll.
Ziele definieren	
Erfolgskriterien	Folgende Kennzahlen dienen der Messung unserer Einkaufspolitik: Einkaufspreise, Reklamationsquote ...
Kompetenzen übertragen	Bestellungen bis zu einem Volumen von EUR 5.000 können Sie ohne Rücksprache durchführen. Darüber gilt folgendes Szenario: ...
Kontrollzeiträume festlegen	
Zwischen- und Abschlussgespräche vereinbaren	In vier Wochen führen wir ein Zwischengespräch, bei dem wir Erfahrungen austauschen und weitere Schritte planen können. In drei Monaten, bevor Sie die Aufgabe komplett selbstständig übernehmen, treffen wir uns zu einem Abschlussgespräch.
Gesprächsabschluss	
Positiver und ermutigender Abschluss des Gesprächs	Herr Gebel, vielen Dank, dass Sie diese Aufgabe annehmen. Sie entlasten mich damit sehr. Ich bin überzeugt davon, dass die Betreuung unserer Lieferanten bei Ihnen in besten Händen ist.

4.4 Anerkennung und Motivation

Mit einer hoch motivierten Mannschaft, die auf alten Maschinen in einer Bruchbude arbeitet, erreicht man mehr als mit einer unmotivierten Gruppe, die über modernste Maschinen und Gebäude verfügt.

Reinhold Würth, Unternehmer

Sind Sie ein guter Motivator und deshalb Führungskraft geworden? Was macht eine motivierende Führungskraft eigentlich aus? In keinem Führungsthema halten sich Mythen und Irrglauben hartnäckiger als in der Motivation. Dabei ist es recht einfach: Ihre Aufgabe als Führungskraft ist es vor allem, Demotivation zu vermeiden! Jeder Mensch hat ein natürliches Bedürfnis nach Wirksamkeit und ist bereit, dafür Leistung und Einsatz zu bringen. Geschieht das nicht, ist meist eine demotivierende Situation die Ursache.

!

Beispiel: Äußere Anreize

In den Kaffeepausen werden sarkastische Witze über den Vorstand gemacht, Sonderaufgaben werden nicht mehr freiwillig übernommen und die Mitarbeiter:innen kritisieren die Zusammenarbeit mit den Kolleg:innen. Max Mehlig ist ratlos. Als neuer Teamleiter hat er die Prozesse der Abteilung verbessert und gestrafft. So gelang es, die Fehlerquote deutlich zu senken. Dafür bekam jedes Teammitglied einen Bonus von 5 Prozent.

Offensichtlich wiegen für Max Mehligs Mitarbeiter:innen die demotivierenden Faktoren der Veränderung schwerer als die finanzielle Anerkennung. Gut möglich, dass die Mitarbeiter:innen unzufrieden mit den neuen Prozessen sind.

4.4.1 Motivatoren oder Hygienefaktoren?

Der Arbeitswissenschaftler Frederick Herzberg unterscheidet die Einflussfaktoren für Zufriedenheit in Motivatoren und Hygienefaktoren. Das Fundament bilden die Hygienefaktoren; sind sie nicht gegeben, können Motivatoren erst gar nicht wirksam werden (wie jedes Haus ein stabiles Fundament benötigt). Hygienefaktoren müssen für die Grundzufriedenheit erfüllt sein, eine Übererfüllung (dickeres Fundament) führt jedoch nicht zu einer höheren Zufriedenheit.

Motivatoren	Hygienefaktoren
Arbeitsinhalte	Entlohnung
Anerkennung	Sicherheit
Verantwortung	Betriebsklima
Persönliche Weiterentwicklung	Firmenpolitik

Motivatoren	Hygienefaktoren
Leistung und Erfolge	Arbeitsbedingungen
Wachstum und Aufstieg	Einfluss auf Privatleben

Ihre Aufgabe als Führungskraft ist es, zu begeistern und zu motivieren. Doch können Sie überhaupt auf alle oben aufgeführten Faktoren Einfluss ausüben?

4.4.2 Motivation von außen oder innen?

Wenn die Arbeitsinhalte zu den wichtigsten Motivatoren zählen, braucht es eine Übereinstimmung der persönlichen Ziele der Mitarbeiter:innen mit den Zielen ihrer Aufgabe. Diese ist im besten Fall gegeben. Wenn nicht, können Mitarbeiter:innen sie nur selbst herstellen. Es sei denn, Sie sind in der Lage, Ihren Mitarbeiter:innen Aufgaben zu übertragen, die sie wirklich begeistern. Ist diese Übereinstimmung gegeben, wirkt sie nachhaltig und fördert eigenverantwortliches und motiviertes Handeln. Dann ist Ihre Aufgabe als Führungskraft »nur« noch, für die Hygienefaktoren zu sorgen und Demotivation zu vermeiden.

Selbstmotivation fördern
»Wenn das so ist, kann ich als Führungskraft von außen ja gar nicht motivieren, oder?« Ja und Nein! Ohne Beteiligung Ihrer Mitarbeiter:innen und ein eigenes Interesse wird es nicht klappen. Ihre Aufgabe ist es, Ihre Mitarbeiter:innen so zu führen und die Rahmenbedingungen so zu gestalten, dass Selbstmotivation möglich wird.

Nachhaltige Mitarbeitermotivation

Was?	Wie?
Autonomie, Anerkennung und Vertrauen	Durch häufiges Feedback auf die geleistete Arbeit, ein positives Menschenbild und Respekt fühlen sich Ihre Mitarbeiter:innen ernst genommen.
Herausfordernde Ziele	Anspruchsvolle und attraktive Ziele, die Ihre Mitarbeiter:innen herausfordern, aber nicht überfordern.
Wissen und Informationen	Versorgen Sie Ihre Mitarbeiter:innen mit dem nötigen Wissen, um die Prozesse im Unternehmen zu verstehen und sich mit eigenen Gedanken und Vorschlägen einbringen zu können.
Langfristige Förderung	Fördern Sie Ihre Mitarbeiter:innen permanent. Zeigen Sie, dass Sie an ihre Fähigkeiten glauben, und entwickeln Sie gemeinsam langfristige Entwicklungspläne.

Hinter der Forderung nach einem höheren Gehalt steht oft der Wunsch nach mehr Wertschätzung. Ihre Mitarbeiter:innen wollen, dass ihr Engagement und ihre Leistungen wahrgenommen werden. Reden Sie mit Ihren Mitarbeiter:innen über deren Einsatz und Ergebnisse so oft wie möglich. Dabei ist Anerkennung mehr als das schnelle »Gut gemacht!«. Inhaltsloses Lob, vor allem wenn es häufig wiederholt wird, nutzt sich ab.

!

Tipp: Richtig anerkennen

Begründen Sie Ihre Anerkennung gegenüber den Mitarbeiter:innen!

Anerkennung	Beispiel
Wozu möchte ich Anerkennung geben?	Ich schätze deine akribische und detaillierte Arbeitsweise sehr.
Ein konkretes Beispiel oder ein Beweis dafür!	In der Kalkulation des aktuellen Projekts hast Du mehrere eklatante Fehler aufgedeckt.
Der Nutzen daraus! Für mich, das Team, das Unternehmen ...	Das bewahrte mich davor, mit dem Kunden schwierige Nachverhandlungen zu führen, und ersparte uns viel Geld.

4.5 Entscheiden

Die Notwendigkeit zu entscheiden reicht weiter als die Möglichkeit zu erkennen.
Immanuel Kant

Für Führungskräfte ist das Entscheiden die wichtigste Aufgabe. Darum werden sie auch gerne Entscheider genannt. Doch oft bedeutet Entscheiden auch, Risiken einzugehen und Konfliktsituationen zu bewältigen. Beides macht die Psyche nicht gerne. In unserer zunehmend komplexen Welt gibt es für Führende viele Entscheidungssituationen mit unsicherem Ergebnis.

Eignen Sie sich eine professionelle Haltung zu Entscheidungen an. Akzeptieren Sie, dass unangenehme Entscheidungssituationen zu Ihrem Job gehören. Dazu gehören auch Fehlentscheidungen. Führungskräfte, die falsche Entscheidungen auf jeden Fall vermeiden wollen, entscheiden nicht. Oder sie setzen sich selbst unter einen enormen Druck, der das eigene Wohlbefinden gefährdet.

4.5.1 Die häufigsten Fehler beim Entscheiden

4.5.1.1 Aussitzen

!

Beispiel: Entscheidungsdilemma

Die Situation ist komplex. Ihr Mitarbeiter wartet auf die Genehmigung seines Urlaubsantrags; der Kunde Paul GmbH auf die Zusage des Liefertermins und ihr Chef auf das neue Kundenbindungskonzept. Rosi Tauscher ist ratlos. Sollte sie den mündlich schon zugesagten

Urlaub zurückziehen und riskieren, dass ihr Mitarbeiter dann sauer ist? Oder doch besser den Kunden und ihren Chef vertrösten? Am Ende entscheidet sie sich, erstmal abzuwarten – in der Hoffnung, dass sich die Situation von selbst erledigt.

Viele Entscheidungssituationen führen nicht zu eindeutig positiven Ergebnissen. Auch Rosi Tauscher muss in dieser Situation Nachteile in Kauf nehmen – egal, wie sie sich entscheidet. Lehnt sie den Urlaub ihres Mitarbeiters ab, wird dieser demotiviert, genehmigt sie ihn, können die Anforderungen des Kunden und ihres Chefs nicht erfüllt werden. Die Option »Nichts tun« ist übrigens auch eine Entscheidung. Sie wird oft aus Angst vor den Konsequenzen der anderen Entscheidungen getroffen.

Viele junge Führungskräfte neigen dazu, wichtige Entscheidungen auf die lange Bank zu schieben, um den damit verbundenen Risiken zu entgehen. Es gibt auch Fälle, in denen das klug ist: wenn noch wesentliche Aspekte ungeklärt sind und das Warten keine Nachteile birgt. Meist ist aber die »Nichtentscheidung« die schlechteste Entscheidung. Die Situation kann sich verschlimmern oder andere entscheiden am Ende für Sie.

Machen Sie sich von Anfang an klar: Sie können sich nicht nicht entscheiden!

4.5.1.2 Übereilte Entscheidungen

Beispiel: Der Macher !

Ludwig Reiser ist unwohl zumute, als er seinem Chef unmittelbar zusagt, den neuen Bereich aufzubauen. Schließlich ist er mit seiner bestehenden Aufgabe vollauf beschäftigt und Freizeit hat er auch kaum. Andererseits ist er bekannt dafür, zuzupacken und auch schwierige Aufgaben zu lösen. Diesen Ruf will er nicht gefährden, indem er dem Chef eine Absage erteilt.

Führungskräfte, die schnelle Entscheidungen treffen, werden häufig als »Macher« und »entscheidungsstark« wahrgenommen. Der Preis dafür ist jedoch hoch: Den Entscheidungen fehlt es oft an Gründlichkeit und das Risiko für Fehlentscheidungen wächst. Nach einer ruhigen und gründlichen Auseinandersetzung mit dem Problem ergeben sich häufig neue Einsichten und kreative Wege, das Problem zu lösen.

Verwechseln Sie »Blitzentscheidungen« nicht mit »Entscheidungsstärke«. Wenn Sie zu schnellen Entscheidungen neigen, dann nehmen Sie sich bewusst zurück. Setzen Sie sich mit der Situation in Ruhe auseinander. Neue Aspekte und weitere Entscheidungsoptionen führen immer zu besseren Entscheidungen – auch wenn am Ende die erste Impulsentscheidung gewählt wird.

4.5.1.3 Reine Gefühlsentscheidungen

!

Beispiel: Der Gefühlsmensch

Das Kundenmeeting beendet er direkt mit einer Zusage der gewünschten IT-Leistungen. Samuel Lehner hat ein gutes Gefühl: Der Neukunde ist zufrieden und seine Kolleg:innen werden das schon hinbekommen, wenn sie sich nur anstrengen. Die Technikkolleg:innen fallen aus allen Wolken, als sie erfahren, welche Leistungen die Spezifikationen des Kunden umfassen: »Dafür haben wir weder das Know-how noch die nötigen Mitarbeiter.«

Gegen unser Gefühl zu entscheiden, ist sicher unklug. Als »unbewusstes Navigationssystem« schützt es uns vor Untiefen und schweren Fehlern. Es ist dabei deutlich schneller als unser Verstand und irrt weit seltener. Andererseits reicht für die richtigen Entscheidungen ein gutes Gefühl alleine nicht aus. Der große Nachteil an gefühlsmäßigen Entscheidungen: Wir können sie nicht überprüfen und verbessern!

Achten Sie in wichtigen Entscheidungen immer auch auf Ihr Gefühl. Es unterstützt Sie in kritischen Situationen, zu schnellen Entscheidungen zu kommen. Nehmen Sie sich dann aber die Zeit, Ihre Gefühlsentscheidungen analytisch zu prüfen: Welche Argumente sprechen für und gegen die Entscheidung? Welche Risiken und Chancen sind mit der Entscheidung verbunden? Welche Alternativen bleiben unberücksichtigt?

4.5.2 Der Entscheidungsprozess in fünf Schritten

Gute Entscheidungen erhalten Sie, wenn Sie gezielt und nachvollziehbar vorgehen. Auch wenn sich später herausstellt, dass es eine bessere Entscheidung gegeben hätte: So können Sie den Entscheidungsweg nachvollziehen und begründen.

1. **Was soll entschieden werden?**
   Häufig starten wir, ohne zu wissen, wo wir genau hinwollen. Nehmen Sie sich die Zeit, sich klar zu werden, was eigentlich entschieden werden muss – auch wenn die Fragestellung scheinbar schon klar ist.

!

Beispiel: Kauf oder Leasing

Während Frauke Niebl die Angebote sichtet, kommt ihr eine Idee: Für die Firma wäre es günstiger, die Maschine zu leasen. Ihre Aufgabe ist es eigentlich gewesen, Ersatz für die veraltete Maschine zu beschaffen. Automatisch ging sie davon aus, dass es sich um die Anschaffung einer neuen Maschine handelt. Jetzt stellen sich ganz neue Fragen: Soll die Maschine gekauft oder geleast werden? Muss sie neu sein oder tut es auch eine gebrauchte? Welche Hersteller kommen in Frage?

Die intensive Auseinandersetzung mit dem Entscheidungsproblem wirft im Beispiel völlig neue Fragen auf, die zu unterschiedlichen Ergebnissen führen. Klären Sie stets zuerst, auf welcher Ebene das Problem entschieden werden muss. Dabei gilt:

- Je allgemeiner das Problem angegangen wird, desto mehr Alternativen gibt es (z. B. Aufrechterhalten der Produktion).
- Je spezifischer das Problem angegangen wird, desto schneller und leichter fällt die Entscheidung (z. B. günstigstes Angebot für die Maschine X finden).

2. **Welche Ziele verfolgen Sie?**
   Jede Entscheidung dient dazu, bestimmte Ziele zu erreichen. Individuell können diese Ziele höchst unterschiedlich sein. Werden mehrere Ziele gleichzeitig verfolgt? Dann kann es vorkommen, dass die Ziele sich gegenseitig ausschließen.

Beispiel: Softwarelösung !

Tobias Reiter hat sich für die günstigste Logistik-Software entschieden. Schließlich enthält sie alle geforderten Funktionen und ist ausgereift. Was er übersehen hat, ist, dass sich seine Mitarbeiter:innen weigern, mit der neuen Software zu arbeiten: »Viel zu kompliziert in der Anwendung. Wir bleiben bei der alten Software, auch wenn die weniger kann!«

In unserer Beratungspraxis erleben wir oft, dass Entscheidungen unter der »Ausblendung« bestehender Fakten getroffen werden. Tobias Reiter hat schlicht übersehen, dass die beste und günstigste Software nichts nützt, wenn die Mitarbeiter:innen sie ablehnen. Statt: »Welche Software bietet das beste Kosten-Nutzen-Verhältnis?«, hätte die Frage lauten sollen: »Welche Software unterstützt uns am besten in unserer Arbeit?«
Halten Sie schriftlich fest, welche Ziele Sie mit Ihrer Entscheidung verfolgen. Kennzeichnen Sie Neben- und Hauptziele und konzentrieren Sie sich auf letztere!

3. **Welche Entscheidungsoptionen haben Sie?**
   Je mehr Optionen Sie haben, desto besser wird die Entscheidung ausfallen. Vermeiden Sie es, sich zu früh auf eine Entscheidung festzulegen oder in der Kategorie »Schwarz – Weiß« zu denken. Sammeln Sie alles, was Ihnen an Lösungsalternativen in den Sinn kommt. Vermeiden Sie es in dieser Phase, einzelne Aspekte zu bewerten.
4. **Entscheiden Sie sich!**
   Wenn alle Optionen vorliegen, prüfen Sie, welche davon Ihren Zielen und Anforderungen am ehesten entspricht. Meist fällt die Entscheidung nun leicht, weil sich eine Option als die beste erweist. Ergibt die Bewertung keinen eindeutigen Favoriten? Dann bleibt Ihnen nichts übrig, als Fakten und Intuition erneut zu befragen und sich zu entscheiden.

! **Wichtig: Entscheiden ohne Risiko?**

Als Führungskraft sind Sie Entscheidungsträger:in. Akzeptieren Sie, dass jede Ihrer Entscheidungen mit Risiken verbunden ist. Eine sorgfältige Auseinandersetzung mit den Hintergründen, Zielen und möglichen Konsequenzen kann das Risiko reduzieren, aber nie eliminieren. Auch wenn Sie sich nicht entscheiden, gehen Sie ein Risiko ein: dass andere für Sie entscheiden!

5. **Prüfen Sie Ihre Zielerreichung**
   Analysieren Sie in der Rückschau Ihre Entscheidung. Mit einer ehrlichen Reflexion haben Sie die Chance, Ihre Entscheidungsfähigkeit zu verbessern.
   - Inwiefern habe ich meine Hauptziele erreicht? Welche Abweichungen nach oben oder unten gibt es?
   - Wie weit stimmten meine Prognosen? Welche Aspekte habe ich übersehen?
   - Welche Gründe gibt es für die Abweichungen?
   - Lag ich mit meiner Intuition richtig?
   - Würde ich die gleiche Entscheidung wieder treffen? Wenn nein – wie würde meine Entscheidung heute ausfallen?

Entscheiden mit Intuition und Verstand

In Ihrem Führungsalltag werden Sie immer wieder Situationen erleben, die Ihnen keine Zeit für ausführliche Analysen lassen, weil sie eine schnelle und klare Entscheidung abverlangen. Nutzen Sie hier die Signale Ihres Unterbewusstseins – Ihre Intuition. Sie nährt sich aus Ihren Erfahrungen und Instinkten. Als rationale Menschen sind die meisten von uns trainiert, diese Signale zu negieren. Schließlich ist ihre Herkunft unbekannt und wir können keine fachlichen »Beweise« anführen. Unsere Intuition ist trotzdem ein wertvoller Ratgeber, der uns in vielen Situationen gute Dienste erweist, gerade weil sie nicht bewusst gesteuert wird. Gewöhnen Sie sich an, Ihre Gefühle wahrzunehmen und zu erforschen.

! **Beispiel: Schnelle Zusage?**

Im Bewerbungsgespräch hat Manfred Denk einen guten Eindruck hinterlassen. Auch sein Lebenslauf und die Zeugnisse sprechen für ihn. Trotzdem würde Norbert Fischer lieber die Gespräche mit den anderen Kandidat:innen abwarten, bevor er sich für ihn entscheidet. Manfred Denk drängt jedoch auf eine schnelle Entscheidung: »Gerne würde ich bei Ihnen anfangen. Ich bräuchte nur bis Montag eine Zusage, da ich noch andere Angebote vorliegen habe.«

Eine rein rationale Entscheidung würde für Norbert Fischer bedeuten, alle Bewerber:innen zu sichten und den am besten geeigneten auszuwählen. Hier aber muss er sich sofort entscheiden, obwohl noch relevante Informationen fehlen.

Eine Kombination aus Intuition, Faktenanalyse und Entscheidungsstrategie kann Ihnen helfen, zu schnellen und trotzdem sicheren Entscheidungen zu kommen. Auf das

Beispiel angewendet, könnte die Entscheidungsfindung für Norbert Fischer wie folgt aussehen:

- Sein Bauchgefühl rät ihm dazu, Manfred Denk einzustellen.
- Er wägt die damit verbundenen Risiken ab: Ein:e bessere:r Kandidat:in könnte abgelehnt werden, die Personalabteilung mit dem Vorgehen nicht einverstanden sein, Herr Denk könnte die Erwartungen enttäuschen …
- Die Risiken erscheinen ihm akzeptabel.
- Er entscheidet sich dazu, Manfred Denk einzustellen und ein schnelles Angebot zu unterbreiten. Schließlich kann er die Probezeit nutzen und sich von Herrn Denk wieder trennen, falls sich die Entscheidung als Fehler erweist.

5 Führungsbeziehungen gestalten

Wenn es ein Geheimnis des Erfolgs gibt, dann ist es das: den Standpunkt des anderen zu verstehen und die Dinge mit seinen Augen zu sehen.
Henry Ford, amerikanischer Unternehmer

Menschen sind keine Maschinen oder Computer! Sie wünschen sich – auch im Arbeitsleben – persönliche Kontakte und direkte Beziehungen. Unzählige Studien kommen zum gleichen Ergebnis: Ist das Miteinander im Unternehmen freundschaftlich und vertrauensvoll, dann steigt die Motivation und Leistungsbereitschaft der Mitarbeiter:innen. Die Gründe dafür liegen auf der Hand. Menschen verbringen etwa zwei Drittel ihrer Lebenszeit bei der Arbeit. Jeder möchte diese Zeit so positiv und sinnerfüllt wie möglich verbringen. Das kann nur gelingen, wenn auch die Arbeitsbeziehungen von Werten wie Respekt, Vertrauen und Wertschätzung geprägt sind. Diese Werte werden nicht durch die Anwendung von Werkzeugen vermittelt. Entscheidend ist die eigene Haltung gegenüber anderen Menschen. Sie wird geprägt durch kulturelle Hintergründe sowie Erziehungs- und Erfahrungseinflüsse. Darüber formt sich, wie wir wahrnehmen, wie wir denken und welche Werte die Basis unseres Handelns sind.

Erforschen Sie Ihre innere Haltung !

Werfen Sie zunächst mit den folgenden Fragen einen Blick in Ihre Vergangenheit und wagen den »Innenblick«. In einem zweiten Schritt holen Sie sich zu den gleichen Fragen das Feedback einer vertrauten Person ein. So erhalten Sie einen wertvollen Abgleich zu Selbst- und Fremdwahrnehmung Ihrer Haltung.

- Worauf in meinem Leben bin ich stolz?
- Was gelingt mir immer wieder besonders gut?
- Was sind die wichtigsten Erfolge in meinem Leben?
- Was sind die wichtigsten Niederlagen in meinem Leben?
- Was habe ich daraus gelernt?
- Wo stehe ich mir selbst im Weg?
- Wie sehr vertraue ich anderen?
- Wie gut verstehe ich die Gefühle anderer, auch wenn diese nicht benannt werden?
- Wie wichtig ist mir die Meinung anderer über meine Person?
- Wie wichtig sind mir persönliche Beziehungen in der Arbeit?
- Wie wichtig ist es mir, Anerkennung für meine Arbeit zu erhalten?
- Basieren meine Entscheidungen eher auf »Bauchgefühl« oder auf »Analytik«?
- Wie offen rede ich über meine Gefühle?
- Wie offensiv verhalte ich mich in Konflikten?
- Mein Lebensmotto könnte lauten ...

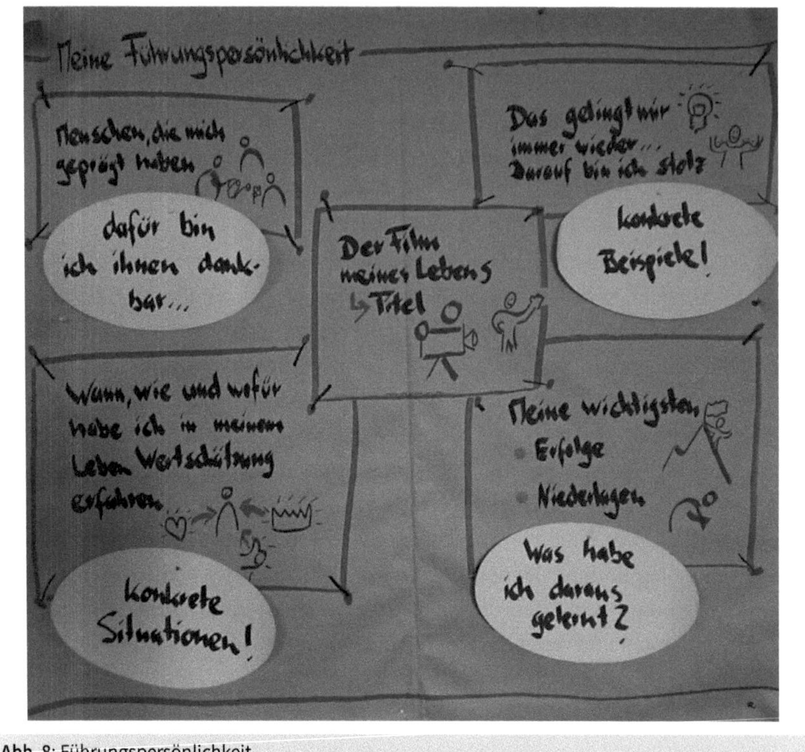

Abb. 8: Führungspersönlichkeit

5.1 Ihre Mitarbeiter:innen

Eines der ungelösten Rätsel der Psychologie ist, menschliches Verhalten einzuschätzen und zu prognostizieren. Mit verschiedensten Diagnoseinstrumenten und Methoden wird in Personalauswahlverfahren versucht, die Persönlichkeit der Bewerber zu erfassen, um einigermaßen verlässliche Aussagen über Stärken, Schwächen und persönliche Eigenschaften zu treffen. Als Führungskraft stehen Sie vor einer ähnlich großen Herausforderung. Es gilt, Ihre Mitarbeiter:innen mit all ihren Ecken und Kanten kennenzulernen. Nur so gelingt es Ihnen, ihr Vertrauen zu gewinnen und eine motivierende Beziehung aufzubauen.

! **Tipp: Vertrauen gewinnen**

Trainieren Sie sich eine offene, neugierige Haltung gegenüber Ihren Mitarbeiter:innen an, die sich in echtem Interesse für Ihr Gegenüber äußert. Viele Chef:innen agieren nach dem Motto: »Ich werde nicht dafür bezahlt, meine Mitarbeiter:innen zu kennen, sondern um Ziele zu erreichen!« Diese Haltung führt bei den Mitarbeiter:innen zu Misstrauen und schwächeren Arbeitsleistungen. Wenn Sie wollen, dass Ihre Mitarbeiter:innen engagiert wertvolle Beiträge leisten, müssen Sie sich mit ihnen auseinandersetzen und ihr Vertrauen gewinnen.

Unterschiedlichen Persönlichkeiten gerecht werden

Eine motivierende Chef-Mitarbeiter-Beziehung basiert auf Austausch, Respekt und Vertrauen. Fragen Sie sich:

- Wie ist mein:e Mitarbeiter:in gestrickt?
- Was ist für ihn/sie wichtig?
- Was braucht er/sie, um gerne hier zu arbeiten?
- Wie nah oder distanziert wünscht er/sie sich die Beziehungen im Arbeitsumfeld?
- Wie selbstbewusst ist mein:e Mitarbeiter:in?
- Wie offen zeigt er/sie Emotionen?
- Was begeistert und was nervt ihn/sie?
- Wie offen ist er/sie für Kritik und Anerkennung?

Sie sind sich noch unsicher, wie Ihre Mitarbeiter:innen ticken? Suchen Sie den Kontakt und beobachten Sie die Reaktionen Ihrer Mitarbeiter:innen. Natürlich ist es einfacher, mit Menschen in vertrauensvollen Kontakt zu kommen, die ähnlich wie wir selbst gestrickt sind. Als Führungskraft gilt es jedoch zu erkennen, dass »Andersartigkeit« oft ein Mehrwert ist, da Mitarbeiter:innen Kompetenzen einbringen, die einem eventuell fehlen.

Abb. 9: Mitarbeiter:in

Wichtig: Vier Schritte zu einer guten Chef-Mitarbeiter-Beziehung !

1. **Kontakt suchen**
   Nutzen Sie jede Gelegenheit, um mit Ihren Mitarbeiter:innen in Austausch zu gehen. Ein kurzes Gespräch im Aufzug oder das gelegentliche Mittagessen geben Ihnen Einblicke und vermitteln den Mitarbeiter:innen, dass Sie sich für sie interessieren. Beachten Sie: Fragen Sie, ohne auszufragen, und hören Sie zu, ohne zu bewerten!

2. **Wertschätzung vermitteln**
   Funktionierende Beziehungen basieren vor allem auf Menschlichkeit. Wenn Sie Ihren Mitarbeiter:innen Wertschätzung zeigen, signalisieren Sie: Du bist mir als Mensch wichtig! Zeigen Sie Interesse für das persönliche Wohl Ihrer Mitarbeiter:innen, indem Sie sie unterstützen. Das kann eine Fortbildung sein, die dem Mitarbeiter wichtig ist, die nicht mit dem Job zusammenhängt, ein verstellbarer Schreibtisch bei Rückenproblemen oder auch nur ein Eis an heißen Arbeitstagen. So vermitteln Sie: Es liegt mir aufrichtig etwas an dir!
3. **Vorbildfunktion einnehmen**
   Wenn Sie wollen, dass Ihr:e Mitarbeiter:in sich öffnet, respektvoll mit anderen umgeht oder Kritik annimmt, gilt es genau diese Werte aktiv vorzuleben. Zeigen Sie, was Ihnen an ihrer Zusammenarbeit wichtig ist. So begegnen Sie einander auf Augenhöhe und schaffen es, das Vertrauen Ihrer Mitarbeiter:innen zu gewinnen.
4. **Selbstreflexion**
   Nur wenn Sie sich selbst hinterfragen, Ihre Stärken und Schwächen kennen und sich Ihrer Wirkung auf andere bewusst sind, gelingt es, tragfähige Beziehungen zu gestalten. Stolpern Sie nicht in die alte Manager-Falle: »Ich bin, wie ich bin, und die anderen müssen mich so akzeptieren. Schließlich trage ich hier die Verantwortung!« Vertrauen gewinnen Sie, wenn Sie offen für Feedback sind und an der Entwicklung Ihrer Führungspersönlichkeit arbeiten. Geleitet von den Fragen: Wozu bin ich Führungskraft geworden? Was ist mein Mehrwert? Was sind meine blinden Flecken? Wie kann ich andere in ihrem Weg unterstützen?

5.2 Ihr Team

Unsere Arbeitswelt ist geprägt von stetig zunehmendem Wissen und neuen Herausforderungen. Viele Prozesse sind so komplex, dass sie von einem Einzelnen kaum mehr bewältigt werden (können). Es braucht Fachleute mit unterschiedlichen Fähigkeiten, die auf ein gemeinsames Ziel hinarbeiten – die zentrale Herausforderung beim Führen von Teams.

In der Praxis wird nahezu jede Form der Zusammenarbeit als Teamarbeit bezeichnet. Oft handelt es sich lediglich um Arbeitsgruppen mit Individualisten, die eigene Ziele verfolgen. Gibt es wenige Schnittstellen und sind die Aufgaben klar abgegrenzt, kann Individualarbeit durchaus sinnvoll sein. Erfordert die Komplexität der Aufgabe jedoch unterschiedliches Expertenwissen, ist echte Teamarbeit der bessere Weg.

Ganz gleich ob Teams schon jahrelang zusammenarbeiten oder sich neu formieren: Als Führungskraft gilt es, die Potenziale jedes Einzelnen und des gesamten Teams immer wieder neu zu entdecken und zu aktivieren. Unterschiedliche Persönlichkeiten müssen zusammengeführt, motiviert und im eigenverantwortlichen Handeln unterstützt werden. Voraussetzung für erfolgreiches »Teamleading« sind Kenntnisse über die im Team eingenommenen Rollen, gruppendynamische Prozesse und die eigene Führungspersönlichkeit.

Abb. 10: Team (Illustrator: Lars Krone)

Erfolgreiche Teams

Erfolgreiche Teamarbeit entsteht, wenn jede:r im Team weiß, wohin die Reise geht, und motiviert ist, diesen Weg mitzugehen. Das Engagement jedes Teammitglieds steigt, wenn es in Entscheidungen einbezogen wird und seine individuellen Fähigkeiten berücksichtigt werden. In guten Teams wird auf das *Team*ziel hingearbeitet und nicht auf *Einzel*ziele. Die Mitarbeiter:innen unterstützen sich gegenseitig und stehen füreinander ein. Es wird offen und auf Augenhöhe kommuniziert. Gleichzeitig ist klar, wer für welche Themen zuständig ist.

Achtung: Kennzeichen erfolgreicher Teams !

An den folgenden drei Aspekten erkennen Sie, ob Sie mit Ihrem Team auf dem richtigen Weg sind:

- **Zielorientierung**
  Die Teamziele korrespondieren mit den Unternehmenszielen, sind attraktiv und jedem bekannt. Alle Teammitglieder identifizieren sich mit den Zielen und können darauf Einfluss nehmen.
- **Zusammenarbeit**
  Das Team geht vertrauensvoll miteinander um und steht in engem persönlichen Austausch. Unterschiedliche Fähigkeiten, Stärken und Schwächen im Team werden akzeptiert. Regeln, Prozesse und Strukturen werden gemeinsam festgelegt.
- **Motivation**
  Das einzelne Teammitglied wird vor allem durch eine zu seinen persönlichen Stärken passende Aufgabe motiviert. Herausforderungen werden sportlich gesehen und gemeinsam gemeistert. Die Einbeziehung jedes Einzelnen, persönliche Freiheiten in der Arbeitsgestaltung und die Übernahme von Verantwortung schaffen den Rahmen für motiviertes Arbeiten.

Die Rolle des Teamleaders

Als Führungskraft eines Teams sollten Sie sich selbst zurücknehmen und Ihre Aufmerksamkeit ganz auf die Mitarbeiter:innen ausrichten. Fragen Sie sich: Was brauchen die Mitarbeiter:innen, um gut zusammenarbeiten zu können? Übertriebene Kontrollbedürfnisse und persönliche Eitelkeiten sind fehl am Platz!

Sehen Sie sich als Coach, der die Mitarbeiter:innen unterstützt, gemeinsam voranzukommen? Dann sind Sie auf dem richtigen Weg. Geben Sie inhaltliche Aufgaben an Ihre Mitarbeiter:innen ab, um sich auf die folgenden Aspekte konzentrieren zu können:

- Gemeinsam mit dem Team Unternehmensziele in Teamziele überführen
- Die einzelnen Teammitglieder in ihren Aufgaben unterstützen
- Prozesse und Strukturen vereinbaren
- Konflikte im Team klären
- Kooperation und Zusammenarbeit fördern
- Erfolge gebührend feiern

Vier Ebenen der Teamdynamik

Teams haben eine natürliche Dynamik: Ziele ändern sich, Teammitglieder entwickeln sich weiter, verlassen das Team oder kommen neu hinzu. Auch Erfolge und Misserfolge sind zu verarbeiten. In Ihrem Team kann sich die ganze Bandbreite von Beziehungsarten entwickeln. Enge Freundschaften, distanzierte Beziehungen, konfliktreiche Beziehungen und auch ambivalente Beziehungen sind möglich. Die Dynamik kann Teams motivieren und beflügeln – im schlimmsten Fall aber auch zu Demotivation und Leistungseinbruch führen. Als Teamleiter ist es hilfreich zu wissen, woher negative Einflüsse kommen und wie damit umzugehen ist.

Erfolgreiche Teams zeichnet aus, dass die nachfolgend aufgeführten vier Ebenen geklärt sind. Im Umkehrschluss liegen die Ursachen für nichtfunktionierende Teamarbeit in der Unklarheit einer (oder mehrerer) der vier folgenden Ebenen:

1. Ebene: Zielklarheit – wohin wollen wir als Team?

Nur wenn Ziele klar formuliert und die Anforderungen an die Ergebnisse eindeutig sind, kann sich ein leistungsstarkes Team etablieren. Formulieren Sie Ihre Teamziele anhand der folgenden Fragen gemeinsam mit Ihrem Team:

- Sind die Ziele realistisch erreichbar und attraktiv?
- Passen die Ziele zu den persönlichen Zielen der Teammitglieder?
- Erfüllen unsere Ziele die Erwartungen der (internen) Kunden und des Managements?
- Sind die Teamziele in sich stimmig und werden sie von allen Teammitgliedern unterstützt?

2. Ebene: Prozesse und Kommunikation – wie arbeiten wir?
Um seine Ziele zu verfolgen, muss jedes Team Strukturen und Prozesse gestalten. Kleine Teams funktionieren oft noch auf »Zuruf« und »Mach mal«. Bei größeren Teams führt mangelnde Klarheit über das »Wie« schnell ins Chaos. Wie bei den Zielen ist darauf zu achten, dass die Prozesse bei veränderten Rahmenbedingungen angepasst werden.

Folgende Prozesse müssen definiert werden:

- Arbeitsprozesse: Welche Abläufe sind sinnvoll? Welche Arbeitsschritte sind standardisiert? Welche Abläufe sind individuell und welche fallweise zu entscheiden? Wie erfolgt die Abstimmung untereinander?
- Entscheidungen: Wie werden Entscheidungen getroffen? Wer ist beteiligt? Wie erfolgt die Kommunikation der Entscheidungen?
- Kommunikations- und Konfliktprozesse: Wie häufig und wann finden Teammeetings statt? Ist die Regelkommunikation geklärt? Wie werden Konflikte im Team bewältigt?

3. Ebene: Rollen und Verantwortlichkeiten – wer übernimmt welche Aufgaben?
In diesem Prozessschritt übernehmen Sie als Führungskraft die Moderatorenrolle. Sie begleiten Ihr Team bei der Klärung der Themen und Sie entscheiden, wenn der Teamprozess stockt. Seien Sie sich bewusst: Diese Doppelrolle von Ihnen als Führungskraft ist herausfordernd. Sie besitzen diese zwei Rollen (Moderator:in und Entscheidungsträger:in), da Sie trotz allem Teamgedanken den »Lead« besitzen und diesen verantwortlich übernehmen sollten.

Sobald das Ziel und die Arbeitsprozesse geklärt sind, müssen die Rollen und Verantwortlichkeiten der einzelnen Teammitglieder festgelegt werden. Das ist in doppelter Hinsicht wichtig: Jeder im Team weiß, was die anderen von ihm erwarten und zugleich, was er von den anderen erwarten kann. Das reduziert Konflikte und entlastet das Team, da nicht jeder Arbeitsschritt und jede Entscheidung neu verhandelt werden müssen.

- Rollen: Sind die Rollen klar definiert und eindeutig zugeordnet?
- Erwartungen: Gibt es widersprüchliche Erwartungen?
- Konflikte: Gibt es Rollenkonflikte oder Überschneidungen? Sind einzelne Teammitglieder überlastet?

4. Ebene: Beziehungen – wie gehen wir miteinander um?
Die Beziehungsebene beinhaltet die Art und Weise, wie kommuniziert wird, wie Konflikte ausgetragen werden und wie die einzelnen Teammitglieder zueinander stehen. Schafft es das Team, trotz unterschiedlicher Persönlichkeiten, respekt- und rück-

sichtsvoll miteinander umzugehen? Dann wird die Motivation und Leistungsbereitschaft jedes Einzelnen steigen. Kennzeichen sind, dass untereinander ehrliches und offenes Feedback ausgetauscht wird und eine konstruktive Grundhaltung existiert. Auf dem Weg dorthin gilt es folgende Fragen zu klären:

- Wie groß ist das gegenseitige Vertrauen im Team?
- Kann sich jeder auf den anderen verlassen?
- Wie wird mit unterschiedlichen Meinungen umgegangen?
- Wie »willkommen« fühlen sich die Einzelnen im Team?
- Wie werden Konflikte im Team geklärt?
- Wie respektvoll gehen die Teammitglieder miteinander um?

5.3 Ihr:e Vorgesetzte:r

Abb. 11: Chef:in

Als neue Führungskraft agieren Sie zwischen den Stühlen. Neben Ihren Fachaufgaben sind Sie für Organisations- und Führungsaufgaben verantwortlich. Darüber hinaus gilt es, übergeordnete Abteilungsziele im Blick zu behalten und mit den Anforderungen der eigenen Chefin oder des eigenen Chefs klarzukommen. Diskrepanzen zwischen den Anweisungen der Managementebene und den Vorstellungen der

Mitarbeiter:innen sind an der Tagesordnung und können zu Konflikten führen. Gerade neue Führungskräfte fühlen sich ihren Mitarbeiter:innen oft näher als den eigenen Vorgesetzten. Dahinter steht die Angst, nicht mehr Teil des Teams zu sein oder von den Mitarbeiter:innen nicht akzeptiert zu werden. Um im Spannungsfeld der unterschiedlichen Erwartungen zu bestehen, sollten Sie sich Klarheit über Ihre Rollen verschaffen. Diese Rollen definiert Ihr:e Vorgesetzte:r, häufig ohne das explizit auszusprechen, durch Vorstellungen über Ihre Arbeit als Führungskraft.

Tipp: Rollenklärung !

Sind Sie neu in der Rolle als Führungskraft? Dann ist es vor allem wichtig herauszufinden, welche Erwartungen Ihr:e Chef:in konkret an Sie richtet. Suchen Sie das Gespräch und verschaffen Sie sich Antworten auf die folgenden Fragen:

- Auf welche Themen legt Ihr:e Chef:in besonderen Wert?
- Wie wichtig ist Ihrer Führungskraft das Einhalten von Prozessen, Hierarchien und Strukturen?
- Gewährt Ihr:e Chef:in große Freiräume oder hat er/sie sehr detaillierte Vorstellungen, wie Sie Ihre Arbeit erledigen?
- Wie erwünscht sind kritische Beiträge, die Bisheriges in Frage stellen?
- Wie akzeptiert sind Fehler, die durch das Eingehen von Wagnissen vorkommen?
- Woran genau wird Ihr:e Chef:in in einem Jahr feststellen, dass Sie die richtige Wahl für die Führungsposition waren?

Suchen Sie häufiger das persönliche Gespräch mit Ihrer Führungskraft und holen Sie sich Feedback ein. Das ist kein Zeichen von Schwäche! Im Gegenteil – Sie gewinnen Sicherheit und Klarheit darüber, wie Ihr:e Chef:in zu Ihnen steht und auf was Sie achten sollten.

5.4 Der/Die/Das: Gender

Sozialwissenschaftlich bezeichnet der Begriff Gender die geschlechtsspezifischen Eigenschaften des Menschen in Gesellschaft und Kultur. Kurz gesagt: Männer ticken anders als Frauen! Das Thema ist sensibel. Die Meinungen zu den Unterschieden zwischen den Geschlechtern gehen auseinander und wer das Thema offensiv angeht, polarisiert. In Ihrer Führungsrolle sollten Sie sich bewusst sein, wie sich unterschiedliches Geschlechterverhalten auf die Zusammenarbeit auswirkt und wie ein konstruktiver Umgang damit aussehen kann. Verabschieden Sie sich zunächst von den gängigsten Mythen hinsichtlich Frauen in Führungspositionen.

Abb. 12: Gender

! **Achtung: Mythen über Frauen in Führungspositionen**

Frauen wollen und können nicht führen

Fest steht, dass Frauen mehr kämpfen müssen, um Führungspositionen zu bekommen, und dann – bei gleicher oder gar besserer Leistung – meist weniger verdienen! Tatsache ist auch, dass es mehr männliche als weibliche Chefs gibt. Komplett falsch ist die Annahme, dass die Ursache dafür ein mangelndes Interesse oder die zu geringe Kompetenz von Frauen ist. Im Gegenteil: Nachgewiesen ist, dass von Frauen geführte Unternehmen langfristig erfolgreicher sind. Das kann durchaus mit »typisch weiblichen« Attributen zusammenhängen: geringere Risikofreude, mehr Empathie, ganzheitliches Denken und weniger Egomanie.

Weiblichen Führungskräften fehlt die Durchsetzungskraft

Das Gegenteil ist richtig: Viele Frauen mit Führungsverantwortung in männlich dominierten Unternehmen bringen »männliche« Attribute wie Sachlichkeit, Durchsetzungsstärke, Risikobereitschaft, Mut etc. mit. Das löst, vor allem bei Männern, Konkurrenzängste aus. Kompetente Frauen in Führungspositionen kratzen auch an dem männlichen Ego. Die Angst, dass der eigene Status sinkt, wenn eine Frau auf gleicher oder gar höherer Stufe steht, gibt kein Mann zu, ist aber wissenschaftlich belegt. Richtig ist, dass viele Frauen weniger an Macht, dafür aber mehr an einem stabilen und harmonischen Miteinander interessiert sind. Damit leisten sie einen wichtigen Beitrag für Motivation und Leistungsbereitschaft der Mitarbeiter:innen.

Frauen in Führungspositionen sind ein Kostenrisiko

Hartnäckig hält sich die Annahme, dass Frauen eine höhere Fluktuationsrate als Männer bedeuten und öfter wegen Krankheit ausfallen. Tatsächlich entscheiden sich Frauen im Rollenkonflikt zwischen Familie und Karriere häufiger für die Familie als Männer. Die Folge ist, dass viele Unternehmen Führungspositionen nicht mit Frauen besetzen, da sie die mit einem Wechsel verbundenen Kosten scheuen. Übersehen wird, dass immer weniger Frauen ihre Berufstätigkeit für die Familienplanung unterbrechen. Außerdem finden die Unterbrechungen erst nach mehreren Berufsjahren statt und fallen deutlich kürzer aus als früher.

Unterschiede kennen und nutzen

Selbst wenn die meisten veralteten Geschlechterrollen überholt sind – viele männliche und weibliche Eigenschaften lassen sich auf körperliche Vorgänge zurückführen. Hormonelle Unterschiede und unterschiedlich ablaufende Prozesse des Nervensystems haben sich im Laufe der Menschheitsgeschichte entwickelt und sind auch heute noch für männliches und weibliches Verhalten prägend. Aber Achtung: Verallgemeinerungen und Zuschreibungen wie »Frauen sind unlogisch« oder »Männer haben keine Empathie« helfen nicht weiter und sind schlicht falsch.

Unterschiedliche Wahrnehmungsmuster, Bewertungstendenzen und Entscheidungsstrategien zwischen Frauen und Männern hingegen sind normal. Die jeweiligen Besonderheiten zu kennen und einen verständnisvollen Umgang damit zu entwickeln, fördert eine vertrauensvolle Arbeitsbeziehung. Egal ob Mann, Frau oder Transgender.

Kommunikationsverhalten

Männer	Frauen
Zahlen, Daten, Fakten sind wichtig!	Stimmungen, Befindlichkeiten, Verständnis sind wichtig!
Agieren zielorientiert und reden über Strategien, Dinge und Ergebnisse.	Agieren prozessorientiert und reden über Gefühle und Menschen.
Sind risiko- und entscheidungsfreudig.	Sind fürsorglich und konsensfähig.

Problem- und Konfliktverhalten

Männer	Frauen
Verteidigen deutlich ihre Position.	Ziehen sich zurück oder werden vage.
Geben sich stark.	Zeigen Gefühle.
Suchen den Wettkampf.	Suchen die Harmonie.
Erklären und wollen überzeugen.	Hören zu und stellen Fragen.

Erwartungen in der Zusammenarbeit

Männer	Frauen
Wollen sich behaupten und wünschen sich Anerkennung und Respekt für ihre Leistungen.	Wollen gefallen und wünschen sich Verständnis und Aufmerksamkeit für ihre Bedürfnisse.
Brauchen klare Strukturen, Regeln, Grenzen und Verantwortlichkeiten.	Brauchen ein harmonisches Umfeld, Sicherheit und Verständnis.
Müssen unterstützt werden in der Diagnose zwischenmenschlicher Dynamiken und Deutung von Emotionen.	Müssen gestärkt und gefördert werden, um ihre Bescheidenheit und Selbstzweifel zu überwinden.

Die beschriebenen männlichen und weiblichen Eigenschaften sind natürlich nicht allgemeingültig. Auch ist weibliches oder männliches Verhalten nicht besser oder schlechter, sondern schlicht anders. Gelingt es Ihnen, einen verständnisvollen Umgang miteinander zu gestalten und Ihre Mitarbeiter:innen ihren Talenten entsprechend einzusetzen, gewinnen alle Beteiligten.

6 Führungsherausforderungen meistern

Führungsherausforderungen unterliegen wie bereits in Kapitel 1.2 beschrieben einem radikalen Wandel. Im 21. Jahrhundert sind Eigenschaften gefragt, die im letzten Jahrtausend obsolet waren. Dieser rasante Wandel zeigt sich u. a. im technischen Wissen. Wissen verdoppelt sich alle zwei Jahre. Nach Ende der Ausbildungszeit oder des Studiums könnten Sie von Neuem starten. Fast wie bei der Golden Gate Bridge in San Francisco: Eine Anstreichphase dauert vier Jahre, der Wiederanstrich beginnt sofort nach Abschluss erneut. Die Globalisierung beschleunigt Veränderungen. Aufgrund der Digitalisierung steigt die Komplexität der Arbeitswelt unaufhaltsam.

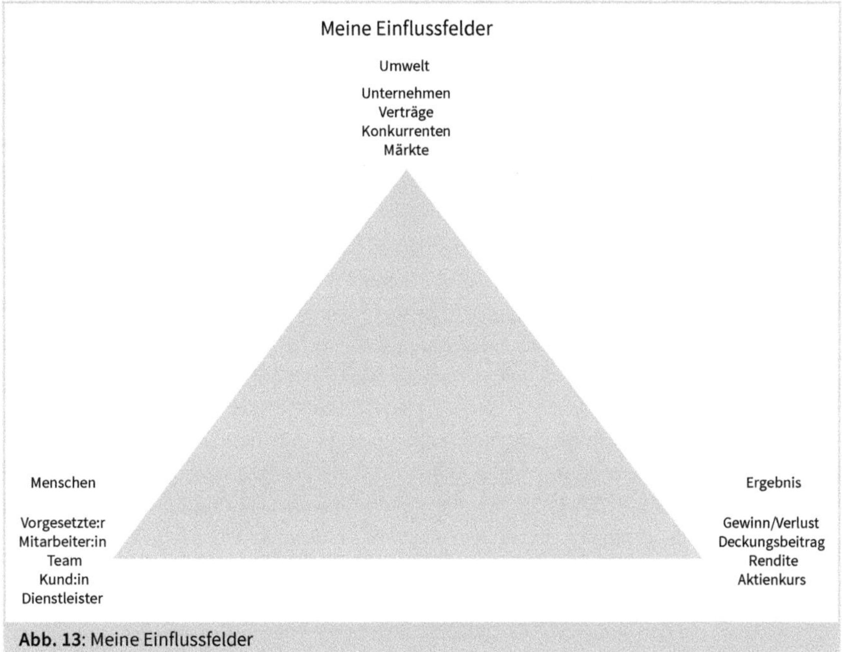

Abb. 13: Meine Einflussfelder

Schallgeschwindigkeit !

Zu Beginn der 1920er Jahre war die Markteinführung des Radios. Es brauchte 38 Jahre, bis 50 Millionen Hörer es nutzten. Facebook schaffte die 50 Millionen User innerhalb von zwei Jahren.

Gefragt sind Führungskräfte, die 40 Bälle zeitgleich in der Luft halten können: Sie fungieren als Motivationscoach, Teambegleiter und individueller Mitarbeiterförderer. Sie hören empathisch zu und treiben Veränderungsprozesse mit Verve voran. Das Warenkaufhaus Hertie und die Drogeriekette Schlecker, beides renommierte deutsche Unternehmen, sind von der Bildfläche verschwunden. Die Top-Führungsebene verpasste den Sprung in das neue Führungszeitalter. Als Führungskraft beeinflussen Sie Ergebnisse, Menschen und Umfeld.

Sie meistern Ihre Herausforderungen, wenn Sie Instrumente kennen, die Sie u. a. in diesem Kapitel finden. Das Können erlernen Sie in Ihrem Führungsalltag.

Herausforderungen sind flexibel und somit nur bis zu einem gewissen Grad planbar. Seien Sie offen für das prozessorientierte Planen. Hier heißt das Credo: Prozess vor Inhalt. Das bedeutet: Beteiligen Sie Ihre Mitarbeiter:innen an der Vision und brechen Sie diese für den Arbeitsalltag herunter.

Plastisch zeigen wir Ihnen dies an einem unserer Praxisfälle:

!

Beispiel

Die Vision der Geschäftsführung des IT-Dienstleisters ist sportlich: Umsatzsteigerung in drei Jahren um 35 Prozent. Jeder Abteilungsleiter bekommt die Aufgabe, ein Strategiepapier zu entwickeln, was die jeweilige Abteilung dazu beitragen kann, um das Ziel zu erreichen. Abteilungsleiter Schmidt entwickelt in drei Monaten alleine ein tragfähiges Strategiepapier. Bei einem Meeting informiert er seine Teams. Abteilungsleiter Dörfler trommelt seine komplette Führungsebene zusammen. In einem zweitägigen Workshop entwickelt die Führungsmannschaft die Strategie und rollt sie zügig auf die Abteilung aus. Jeden Mitarbeitenden zu involvieren, ist Abteilungsleiter Bauer wichtig. Er informiert in einer Abteilungsbesprechung alle Mitarbeiter:innen. Fragen, Bedenken und Ängste kann er zwar nicht zu 100 Prozent aus dem Weg räumen, doch beantwortet er sie offen und umfassend. Im weiteren Vorgehen entwickelt jedes Team eine »Mini-Strategie«. Es bestimmt einen Sprecher, der bei dem Strategietreffen der Abteilung die »Mini-Strategie« vertritt. Der Wissenspool ist riesig und nach drei Jahren schafft die Abteilung von Herrn Bauer eine sensationelle Steigerung von 47 Prozent. Reibungslos lief es in der »Bauer-Abteilung« während der drei Jahre nie ab. Es herrschte aber ein positives Klima, um Kritik deutlich zu platzieren. Konflikte sahen die Teams als Chance an. Veränderungen gestalteten alle Beteiligten mit, ganz nach dem Motto, das bei Change-Projekten Erfolgsgarant ist: »Mache Betroffene zu Beteiligten!« Zu guter Letzt gab es eine offene Fehlerkultur. In dieser galt es nicht, Schuldige zu suchen, sondern Lösungen zu finden. Das Erfolgsgeheimnis von Abteilungsleiter Bauer ist, dass er schon Jahre vorher konsequent darauf geachtet hat, die Herausforderungen in seinem Führungsleben aktiv anzugehen.

Bevor Sie die Welt der Führungsherausforderungen betreten, lassen Sie uns kurz ein paar Begrifflichkeiten klarstellen. Kennen Sie die FKK-Pyramide?

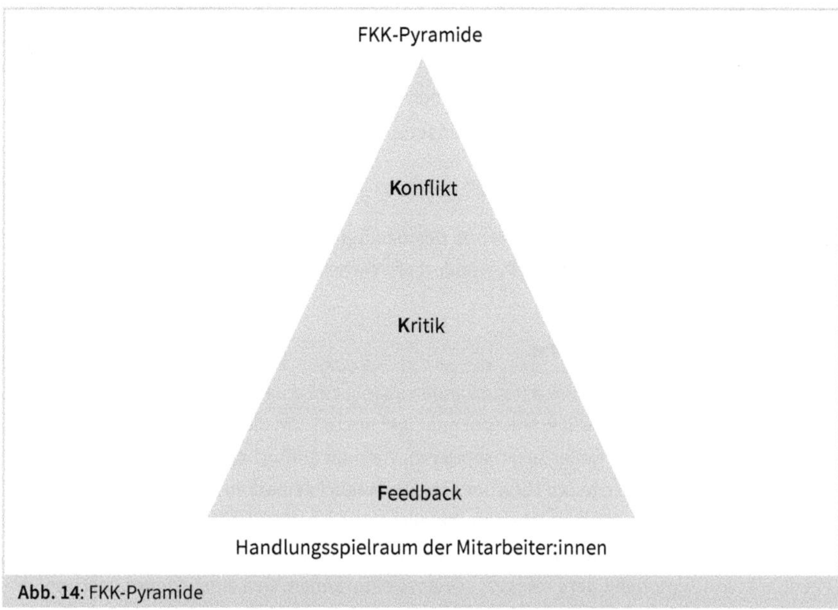

Abb. 14: FKK-Pyramide

Der Handlungsspielraum der Mitarbeiter:innen ist am höchsten beim Feedback. Je mehr die Pyramide erklommen wird, desto stärker nimmt der Handlungsspielraum ab. An der Pyramidenspitze sind Sie in der höchsten Führungsverantwortung. Hier oben müssen Sie klare Anweisungen erteilen und deutliche Worte sprechen.

6.1 Feedback – Wachstum fordern und fördern

Geben Sie Ihren Mitarbeiter:innen Feedback, besitzen diese den höchstmöglichen Handlungsspielraum. In der Praxis heißt das: Die Mitarbeiter:innen können Ihr Feedback annehmen. Es folgt zwangsläufig eine Verhaltensveränderung. Wichtig beim Feedback ist jedoch dieses »Können annehmen«! Es bedeutet: Die Entscheidungsgewalt liegt bei den Mitarbeiter:innen. Auf keinen Fall *müssen* sie etwas verändern. Hier liegt der Stolperstein. Erwarten Sie definitiv eine Veränderung bei Ihren Mitarbeiter:innen, dann ist es kein Feedbackgespräch. Wieso? Die Freiwilligkeit ist beim Feedback die Basis. Falls Sie etwas von Ihren Mitarbeiter:innen erwarten, kommunizieren Sie dies eindeutig und zwar dann als Kritik. Beim Feedbackgespräch sind Sie in der Rolle des Gebers und zwangsläufig Ihr:e Mitarbeiter:in in der Rolle des Nehmers.

Feedbackgespräche sind keine Einbahnstraße! Wenn Ihr:e Mitarbeiter:in auch Ihnen offenes ehrliches Feedback gibt, ist dies ein Ritterschlag für Sie als Führungskraft.

Gelungenes Feedback beinhaltet drei Schritte:

1. Sie weisen Ihre Mitarbeiter:innen darauf hin, wie ihr Verhalten von Ihnen erlebt wird.
2. Sie informieren Ihre Mitarbeiter:innen über Ihre Erwartungen, Bedürfnisse und Gefühle.
3. Sie platzieren Ihre »Entwicklungswünsche« bzw. Ihre »Handlungsempfehlungen«.

! **Wichtig**

Je konkreter Sie Ihre Wünsche formulieren, desto hilfreicher sind sie! Hilfreiches Feedback bezieht sich immer auf konkrete und veränderbare Verhaltensweisen.

! **Beispiel: Internationale Konferenz**

Professor Lenninger ist mit seinen Doktoranden auf eine internationale Konferenz in Tokio eingeladen. Dieses Format will Professor Lenninger nutzen, um die Forschungsergebnisse von seinem Doktoranden Neller zu präsentieren. Vor dem Abflug beraumt Professor Lenninger ein Meeting an, in dem jede:r Mitarbeiter:in die Möglichkeit erhält, in einer zweiminütigen Icebreaker-Speach seine Untersuchungsergebnisse darzustellen. Herr Neller bewegt sich während seines Kurzvortrags wie »ein Tiger im Käfig« auf und ab. In der anschließenden Feedbackrunde empfiehlt der Professor seinem Doktoranden, sich einen Stand*punkt* auszusuchen und diesen nur in einem kleinen Aktionsradius zu verlassen, um dadurch souverän, professionell und kompetent zu wirken. Das »Herumtigern« wirke unruhig und das Auditorium bekomme den Eindruck, ein nervöser Student versuche seine Ergebnisse zu »verkaufen«. Herr Neller beherzt das Feedback seines Doktorvaters. Nach der Konferenz in den Staaten erhält er zahlreiche Anfragen zu seinem Vortrag. Sogar Angebote von anderen Universitäten werden Herrn Neller unterbreitet.

Die rasante Umsetzungsgeschwindigkeit von Herrn Neller bewährt sich sofort. Er wählt bewusst, ob er das Feedback anwendet und seine Lauffreudigkeit im Vortrag reduziert. Ebenso hätte er das Feedback »in den Wind schießen« können, ganz nach dem Gebot: »Feedback ist freiwillig!« Dies allerdings hätte wiederum seinen anschließenden Erfolg wahrscheinlich verhindert. Achten Sie als Führungskraft darauf, dass sich Ihr Feedback auf das Verhalten des Empfängers bezieht und nicht auf die Person als Ganzes. So steigern Sie die Chancen, dass Ihr:e Mitarbeiter:in das Feedback akzeptiert und umsetzt.

6.2 Kritik formulieren

Man muss nicht unbedingt das Licht des anderen ausblasen,
um das eigene Licht leuchten zu lassen.
Phil Bosmans

Sie wollen erfolgreich in Ihrem Führungsleben sein? Ihre Mitarbeiter:innen begehen Fehler? Ihre Mitarbeiter:innen versuchen, Fehler zu verschweigen? Falls Sie diese Fragen mit Ja beantworten, dürfen Sie die Kunst erlernen, Kritik zu formulieren. Sinn des

Kritikgesprächs ist es, die Entwicklung Ihrer Mitarbeiter:innen zu fördern, indem Fehler besprochen und Verbesserungen eingeleitet werden. Wir haben in unserer Beratungstätigkeit noch niemanden kennengelernt, der gerne und freiwillig Fehler macht. Für Mitarbeiter:innen ist es unangenehm, wenn Sie als Führungskraft Fehler entdecken und Sie sie damit konfrontieren. Es gibt natürlich auch die uneinsichtigen Mitarbeiter:innen, die bei sich keinen Fehler erkennen. Erlebbar ist dies in Unternehmen mit einer mangelhaften oder nicht vorhandenen Fehlerkultur. Kennen Sie die Fehlerkultur in Ihrem Unternehmen? Diese sollten Sie kennen, bevor Sie starten, Kritik zu üben.

Tipp: FSH-Formel

!

Sie sind neu in Ihrer Führungsrolle – Glückwunsch! Nutzen Sie die ersten drei Monate in Ihrem Führungsleben und wenden Sie die FSH-Formel an: **F**üße **s**till **h**alten! Lernen Sie die Unternehmenskultur kennen. Gehen Sie auf »Schatzsuche« nach den unausgesprochenen Gesetzen. Verfügen Sie über dieses Wissen, können Sie starten, Kritik konstruktiv anzusprechen. In der Regel benötigen Sie 100 Tage, um das geheime Netzwerk in einem Unternehmen etwas zu erfassen.

Im Kritikgespräch steht ein Arbeitsergebnis oder ein konkretes Verhalten – nicht Ihr:e Mitarbeiter:in als Ganzes! Kritik wird von vielen Menschen synonym mit Ablehnen und Zurückweisen verbunden. Beides löst Angst aus. Ängstliche Mitarbeiter:innen leben mit einer Potenzial-Bremse. Sie leben ihr Potenzial nicht, da sie eher darauf achten, fehlerfrei durch ihr Arbeitsleben zu gehen. Fehler begehen gehört aber einfach dazu!

Achten Sie im Konfliktgespräch auf eine positive, ruhige und sachliche Atmosphäre. Sie sind verärgert über die Fehler Ihres Mitarbeiters/Ihrer Mitarbeiterin? Bitte lassen Sie mindestens 24 Stunden verstreichen, bevor Sie zum Gespräch einladen. Aufgeladene Emotionen, Wut und Ärger sind bei Kritikgesprächen fehl am Platz!

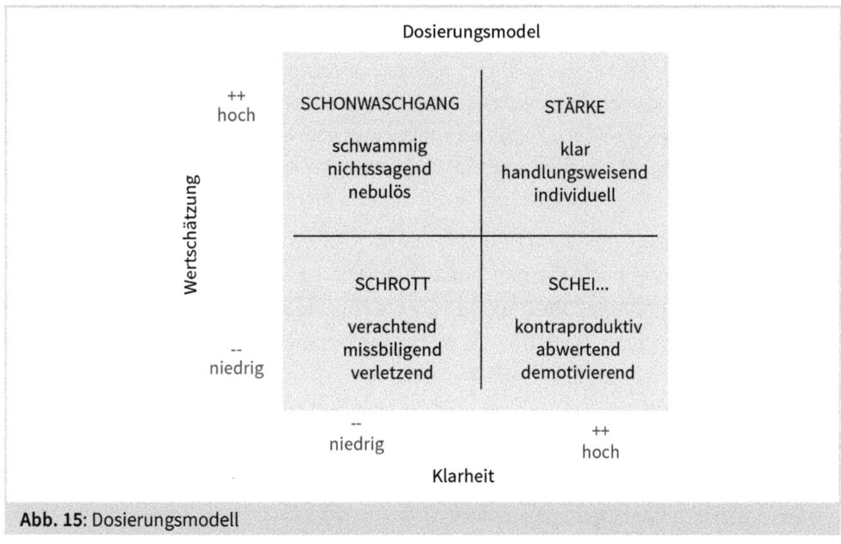

Abb. 15: Dosierungsmodell

Ihre wertschätzende und klare Haltung ist essenziell für Ihr erfolgreiches Konfliktgespräch. Starten Sie Ihr Gespräch mit innerem Ärger, haben Sie schon verloren. Anhand des Dosierungsmodells erfahren Sie, was Ihre Reaktion auslösen kann.

!

Beispiele

- **Quadrant: Wertschätzung niedrig/Klarheit niedrig**
  Finn Beuer erscheint wiederholt schmuddelig zur Arbeit. Als Außendienstmitarbeiter präsentiert er das Unternehmen. Mit einem zerknitterten Anzug und ungebügeltem Hemd erschien er bereits mehrmals beim Kunden. Ein langjähriger Kunde berichtet Uta Wolf – der Vorgesetzten von Herrn Beuer – bei einem Geschäftsessen über das Aussehen und den unangenehmen Körpergeruch. Zeitnah bittet Frau Wolf ihren Mitarbeiter Beuer zum Gespräch. »Herr Beuer, Kunden beschweren sich über Sie. Sie wissen bestimmt sehr genau, um was es geht!«
- **Quadrant Wertschätzung niedrig/Klarheit hoch**
  Frau Wolf eröffnet das Gespräch mit den Worten: »Herr Beuer, Ihr Körpergeruch ist eine einzige Belästigung für alle Menschen in Ihrem Umkreis! Ihre Kleidung scheint aus der Kleiderkammer zu kommen. Unmöglich! Und Sie wollen unsere Firma professionell präsentieren. Sie präsentieren die gelebte Inkompetenz, das müssen Sie sofort verändern!«
- **Quadrant Wertschätzung hoch/Klarheit niedrig**
  »Schön, dass Sie pünktlich zum Gespräch erscheinen, Herr Beuer. Sie gehören zu unseren umsatzstärksten Mitarbeitern, Glückwunsch. Zwar gibt es ein paar kleine Themen, die ich ansprechen möchte, lassen Sie uns aber vorab die anstehende Kundenanalyse durchsprechen«, startet Frau Wolf in den Dialog.
- **Quadrant Wertschätzung hoch/Klarheit hoch**
  Frau Wolf ist sich der pikanten Themen bewusst, die sie heute bei ihrem Mitarbeiter zu platzieren hat. Das Gespräch mit dem langjährigen Kunden hat spontan Empörung und Verärgerung gegenüber ihrem Mitarbeiter ausgelöst, das Gespräch mit Herrn Beuer hat sie aber drei Tage später erst angesetzt. Ihr spontaner Ärger ist etwas verflogen. Bedacht eröffnet sie das Kritikgespräch: »Herr Beuer, wir sitzen heute zusammen, da es zwei Themen gibt, die ich mit Ihnen besprechen will. Es sind sehr persönliche Punkte. Wichtig ist mir zu betonen, dass ich Ihre Fachkompetenz sehr schätze und Sie eine wichtige Stütze für mich sind. Und jetzt Butter bei de Fische, Sie kennen ja meine direkte Art. In letzter Zeit ist mir aufgefallen, dass Ihre Kleidung ungepflegt erscheint. Leider ist mir auch Ihr Körpergeruch unangenehm aufgefallen. Sie wollen sicher nicht, dass Kolleg:innen oder Kunden über Sie lästern. Das will ich auf keinen Fall! Wie wollen wir an das Thema herangehen?«

Beim »Wertschätzung hoch/Klarheit hoch-Quadranten« arbeitet Frau Wolf mit unterschiedlichen Instrumenten. Diese können Sie als Führungskraft in Ihre Konfliktlösungskompetenzen integrieren. Gestalten Sie trotz aller Negativität ein positives Umfeld:

- Genügend Zeit
- Störungen ausschalten (Handy weg! Kein Blick auf den PC!)
- Ruhiges Umfeld
- Später Nachmittagstermin (Sie ermöglichen Ihren Mitarbeiter:innen, nach dem Gespräch ihren Arbeitstag zu beenden)

- Kurze Einleitung ohne viel »Pipapo«
- Deutliche Worte
- Klare Nennung des Themas/der Themenfelder

Beispiel: Tierisch! !

Hubertus Rath zitiert seinen Mitarbeiter Lauber zum Gespräch: »Sie wissen schon, warum Sie heute hier sitzen – Sie kleines Schweinchen!«
Können Sie sich vorstellen, welches Thema bei dieser Gesprächseröffnung behandelt wird? Zur Wahl stehen:

- Körpergeruch
- Unordentlicher Arbeitsplatz
- Rückgabe des vermüllten, dreckigen Firmenwagens
- Dreckige Fingernägel
- Unangepasste Tischmanieren
- Sexuelle Belästigung
- ...

Diese Gesprächseröffnung haben wir live erlebt. Es ging um das Thema sexuelle Belästigung. Wirklich ein negatives Thema. Mit einer Ratefrage und tierischer Zuschreibung zu eröffnen, löst bei dem betroffenen Mitarbeiter aber eher Widerstand und zwangsläufig Widerspruch aus als positives, aufnahmebereites Zuhören.

Erweitern Sie Ihren Instrumentenkoffer, um Konfliktgespräche positiv durchzuführen. Es geht hier nicht um Schönmalerei, sondern um Wertschätzung und Klarheit!

Übung: Offene Ohren !

Versuchen Sie sich, in Ihre Mitarbeiter:innen hineinzuversetzen: Öffnen sich Ihre Ohren bei dem Konfliktthema oder schließen sie sich? Nur mit offenen Ohren können Sie Ihre Mitarbeiter:innen erreichen! Denken Sie daran, dass Ihre Gesprächseröffnung das Gesprächsergebnis bestimmt! Wenn Sie zu Beginn ein inneres Ja Ihrer Mitarbeiter:innen erhalten, gewinnen Sie schon die halbe Miete!

Instrumentenkoffer für ein gelingendes Konfliktgespräch

- **Konflikt-Drehbuch darlegen**
  Gestalten Sie Ihr Kritikgespräch wie ein Drehbuch. Erläutern Sie Ihre Sichtweise, die Beteiligten und den Ort des Geschehens. Stellen Sie sicher, dass Ihr:e Mitarbeiter:in Ihnen folgen kann. Ganz so, als würden Sie ihn einladen, in eine neue Welt zu gehen. Gehen Sie hier sorgsam vor und fallen Sie nicht mit der Tür ins Haus.
- **KISS-Formel**
  Keep it short and simpel – Gestalte es kurz und einfach! Sie erreichen Ihren Gesprächspartner mit eindeutigen Wörtern und kurzen Sätzen.

- **Das optimale Timing**
  Kritisieren Sie zeitnah. Es ist kontraproduktiv, nach Monaten Fehlverhalten anzusprechen. Ihr:e Mitarbeiter:in erinnert sich vielleicht gar nicht mehr an die Krisensituation.
  Sie sind besonders ärgerlich über den Fehler? Bitte schlafen Sie mindestens eine Nacht darüber, bevor Sie zum Gespräch einladen.

! **Achtung: »Bonuspunkte sammeln«**

Das jährliche Mitarbeitergespräch sollte dazu dienen, das Jahr Revue passieren zu lassen. Auf keinen Fall sollten Sie über das Jahr hinweg Fehltritte sammeln und zum Gespräch alles »auspacken«. Ganz nach dem Motto: »So viele Kritik-»Bonuspunkte« hast du in den letzten 12 Monaten gesammelt.«

- **Konkret – Klar – Knapp: Allgemeinplätze, nein danke!**
  Bleiben Sie bei den Tatsachen. Verwenden Sie konkrete Beispiele und zeigen Sie daran die Auswirkungen für die Abteilung bzw. die Firma auf. Streichen Sie die Wörter »immer« und »andauernd« aus Ihrem Führungswortschatz. Diese sind eindeutig destruktiv. Sie erzielen damit eine schnelle Abwehrhaltung des/der Mitarbeiter:in und geschlossene Ohren.

! **Achtung: Verallgemeinerungen**

Betrachten Sie das Wort einmal genauer: Verallgemeinerungen. Korrekt: Es steckt das Wort »gemein« darin. Durch K. O.-Wörter gestalten Sie eine Schuld-Kommunikation. Den Schwarzen Peter erhält Ihr:e Mitarbeiter:in. Bleiben Sie in der direkten Situation ohne abzuschweifen.

- **Fake News vermeiden**
  Sind Sie sich wirklich sicher über den Fehlerverursacher? Prüfen Sie beim kleinsten Zweifel genau, wer den Fehler ausgelöst hat und ihn verantwortet. Seien Sie hier wie ein Richter: Die Unschuldsvermutung gilt für jeden!
- **Meine Perspektive als Führungskraft**
  Hinter diesem Instrument steht das aktive Anwenden von Ich-Botschaften. Mit dem »Ich« formulieren Sie Ihre individuelle Meinung und Ihre Aussagen wechseln vom Vorwurf hin zur Beobachtung. Kritik als Vorwurf zu artikulieren, führt wie bei einigen anderen Instrumenten zur Abwehrhaltung.

! **Achtung: Nonverbale Kommunikation**

Als Führungskraft kommunizieren Sie bei Kritik natürlich auch mit Ihrer nonverbalen Sprache: Augenrollen, Kopfschütteln, Schulterzucken, Wegdrehen. Achten Sie beim Verwenden von Ich-Botschaften auf die kongruente Kommunikation, d. h., die verbale Aussage muss mit der nonverbalen Körperhaltung übereinstimmen!

- **Kritikformel**
  Generell können Mitarbeiter:innen Kritik gut annehmen, wenn sie spüren, dass Sie als Führungskraft sie als Mensch akzeptieren. Es gibt eine einfache Formel, die Sie vor und nach Kritikgesprächen anwenden sollten:
  - **Dreimal loben – einmal kritisieren!**
    Stellen Sie sich vor dem Kritikgespräch die Frage: Wann habe ich meine Mitarbeiter:innen das letzte Mal gelobt? Gehört Lob zu meinem Führungsrepertoire?
- **Die Zukunft gemeinsam gestalten**
  Beenden Sie das Gespräch unbedingt mit konkreten Lösungsskizzen! Mitarbeiter:innen mit reiner Kritik »im Regen stehen zu lassen«, erzeugt Frustration. Noch schlimmer: Sie sind ahnungslos, was sie wann wo und wie besser gestalten könnten. Zeigen Sie Lösungsalternativen auf und vereinbaren Sie gemeinsame Zwischenziele. Eventuell sind weitere Gespräche nötig. Vereinbaren Sie diese während des Kritikgesprächs. Die Wichtigkeit wird Ihren Mitarbeiter:innen so deutlich vor Augen geführt.

Sie möchten gerne Mitarbeiter:innen in Ihrem Team wissen, die genauso professionell und motiviert wie Sie arbeiten? Perfekt, dann ist das folgende Oskar-Wilde-Zitat das perfekte für Sie:

Nachahmung ist die höchste Form der Anerkennung.
Oscar Wilde, irischer Schriftsteller

Fazit: Kritik formulieren !

- Kritisieren Sie nie den Menschen! Kritisieren Sie ausschließlich das Verhalten oder den Fehler.
- Kritik zu äußern ist für Ihr Wohlbefinden unerlässlich. Es ist gesundheitsschädlich, Ärger »hinunterzuschlucken«.
- Menschen, die kritisiert werden, verteidigen sich erst einmal.
- Die Kontrolle, wie Ihre Kritik aufgenommen wird, hat Ihr:e Mitarbeiter:in, egal, wie sehr Sie an den Formulierungen feilen.

Im besten Fall müssen Sie Ihre:n Mitarbeiter:in gar nicht kritisieren, weil er/sie – von Ihnen moderiert – seine Fehler selbst analysiert und geeignete Maßnahmen ableitet.

6.3 Konflikte lösen

Beim Feedback dürfen Sie als Führungskraft entscheiden, ob Sie es geben wollen. Kritik sollten Sie äußern, um die Fehler zu minimieren. Konflikte erfordern Ihr Handeln als Führungskraft: Daher gilt es, Konflikte anzusprechen!

Konflikte werden von den meisten Menschen mit einem Gefühl des Unbehagens verbunden. Lernen Sie in Konfliktsituationen, diese Frustration vorübergehend zu ertragen, bis eine für alle akzeptable Lösung gefunden wurde. Konfliktlösung und Weiterentwicklung geschieht, wenn wir bereit sind, uns mit uns und anderen Menschen wertschätzend und ernsthaft auseinanderzusetzen. Konflikte haben durchaus ihre Berechtigung:

Der offene Austausch über unterschiedliche Positionen und Meinungen kann für ein besseres Verständnis untereinander sorgen. Eingefahrene Muster und Verhaltensweisen werden in Konflikten hinterfragt. So entsteht Raum für neue Ideen und Veränderungen.

Konflikte werden als Belastung empfunden und wirken sich negativ auf das individuelle Engagement sowie das Zusammengehörigkeitsgefühl im Team aus. Als Führungskraft gewinnen Sie an Akzeptanz in Ihrer Rolle, wenn Sie Konflikte wahrnehmen und zu deren Lösung beitragen.

6.3.1 Konflikthistorie und -diagnose

Je früher Sie in einem Konflikt aktiv werden, desto besser. Schärfen Sie Ihre Sinne für die ersten Anzeichen eines aufziehenden Konflikts. Wenn Sie das Gefühl haben, dass etwas nicht stimmt, dann sprechen Sie die Beteiligten offen darauf an. Im besten Fall gelingt es Ihnen so, das Problem zu lösen, bevor der Konflikt richtig ausbricht.

Konflikte werden immer von Emotionen begleitet. Welche Emotionen in welcher Intensität bei uns hervorgerufen werden, ist individuell höchst unterschiedlich und durch die individuelle »Konflikthistorie« geprägt. Machen Sie sich anhand der folgenden Fragen Ihr Konfliktmuster bewusst. So gelingt es Ihnen beim nächsten Konflikt, den ein oder anderen Stolperstein zu umgehen.

Meine Konflikthistorie

Frage	Meine Antwort
In Konflikten regt mich an mir selbst/an meinem Gegenüber auf, dass …	
Gemeinsamkeiten bei Konflikten von mir sind …	
Mein innerer Konflikt als Führungspersönlichkeit ist …	
In Konflikten fällt es mir schwer …	
Konfliktauslöser können sein …	

Abb. 16: Eskalationsstufen nach Glasl

Analysieren Sie vor der aktiven Konfliktbewältigung:

- In welcher Phase befindet sich der Konflikt?
- Können Sie in Ihrer Rolle den Konflikt lösen?
- Benötigen Sie Hilfestellung von anderen Personen?

Die ersten drei Stufen im Modell von Glasl können Sie gut als Führungskraft lösen. Hilfreich ist bei Stufe vier bis sechs die Moderation von einem Mediator. Bei den letzten drei Stufen werden externe Lösungen angestrebt, d. h., der Konflikt wird aller Voraussicht nach durch Machteingriff von außen, z. B. Gerichtsverfahren, gelöst.

Beispiel: Konfliktgeschichte !

- **1. Stufe: Verhärtung**
  Otto und Edeltraut arbeiten seit Jahren im gleichen Unternehmen. In der Buchhaltung ist Otto zuständig für die Kreditoren, Edeltraut für die Debitoren. Zu ihrem 25-jährigen Dienstjubiläum erhält Edeltraut ein Wellnesswochenende in einem Fünf-Sterne-Hotel an der Nordsee. Begeistert erzählt sie Otto vom leckeren Essen und dem Champagner auf dem Hotelzimmer. Otto findet das Geschenk der Geschäftsführung überdimensioniert,

zumal er den Kostenrahmen kennt. Es werden Spannungen zwischen Otto und Edeltraut spürbar. Immer öfter prallen ihre Meinungen aufeinander.

- **2. Stufe: Polarisierung und Debatte**
  Otto versucht Edeltraut zu überzeugen, wie überdimensioniert ihr Jubiläumsgeschenk war. Er legt ihr die Zahlen vor und zeigt ihr seine ausgetüftelten Statistiken über andere Jubiläumsgeschenke in der Firma. Die rationalen Ausführungen lässt Edeltraut an sich abprallen. Otto versucht, sie moralisch unter Druck zu setzen.
- **3. Stufe: Taten statt Worte**
  Otto will sich nicht mehr mit Edeltraut unterhalten. Beide teilen sich ein Büro. Der rege fachliche Austausch ist komplett eingestellt worden. Bei offenen Fragen senden sich beide E-Mails. Misstrauisch beäugen sich die beiden während der gesamten Arbeitszeit.
- **4. Stufe: Koalitionen bilden**
  Edeltraut schüttet ihr Herz bei Benjamin aus, dem Kollegen aus der Controlling-Abteilung. Simon vom Empfang wird der Vertraute von Otto. Langsam bilden sich zwei Lager. Die Auseinandersetzung von Otto und Edeltraut zieht weiter Kreise. Immer mehr Personen aus der Verwaltung ergreifen Partei für einen der beiden. Es geht gar nicht mehr um das Jubiläumsgeschenk, sondern nur noch darum, welcher der beiden im Recht ist.
- **5. Stufe: Gesichtsverlust**
  Misstrauisch beäugt Edeltraut ihren Kollegen Otto. Seine Urlaubsvertretung übernimmt sie und geht regelrecht auf Fehlersuche. Sie bearbeitet dringende Fragen von Ottos Kunden mit großer Zeitverzögerung. Nach der Rückkehr von Ottos Urlaub kommt es zum verbalen Schlagabtausch der beiden. Sie greifen sich persönlich an. Es wird deutlich, dass das Vertrauen verloren ist, moralische Grundsätze der Zusammenarbeit gelten für die beiden nicht mehr.
- **6. Stufe: Drohstrategie**
  Otto bezichtigt Edeltraut des Diebstahls von Firmeneigentum. Die Werbekugelschreiber hätte sie nicht mitnehmen dürfen. Er droht ihr, sie bei der Geschäftsführung anzuzeigen. Im Gegenzug schreibt Edeltraut akribisch die Pausenzeiten von Otto mit. Sie wirft ihm vor, bei seiner Arbeitszeit zu betrügen. Die Drohungen und Gegendrohungen der beiden schaukeln sich hoch.
- **7. Stufe: Begrenzte Vernichtung**
  Wütend beschwert sich Otto bei einem wichtigen Firmenkunden über Edeltraut. Er stellt sie als inkompetent dar. Ihm ist nicht bewusst, dass er sich dadurch ebenso in ein schlechtes Licht vor dem Kunden stellt. Die beiden Streitparteien verlieren ihre Menschlichkeit. Es geht nur mehr darum, dem andern zu schaden.
- **8. Stufe: Zersplitterung**
  Sowohl Otto als auch Edeltraut versuchen durch psychischen Druck, den anderen zu verletzen. Telefoniert der eine zu laut, reagiert der andere mit Klappern der Arbeitsmaterialien. Leises Vor-sich-hin-Murmeln wird mit Summen beantwortet. Jeder sieht seinen Kollegen als Feind an, den es zu besiegen gilt.
- **9. Stufe: Gemeinsam in den Abgrund**
  Edeltraut kündigt nach jahrzehntelanger Firmenzugehörigkeit. Das gegenseitige Mobbing hinterlässt sowohl bei ihr als auch bei Otto körperliche Spuren. Am letzten Arbeitstag packt Edeltraut ihre persönlichen Habseligkeiten. Als Abschiedsgeschenk legt sie Otto Pralinen auf seinen Schreibtisch, die sie mit Nüssen präpariert hat, wohl wissend, dass Otto allergisch auf Nüsse reagiert. Während Edeltraut das Büro räumt, lockert Otto an ihrem Auto zwei Radmuttern. Die totale Konfrontation von beiden Streitpersonen nehmen die Selbstvernichtung in Kauf, indem sie strafbare Handlungen begehen.

Neutrale Brille aufsetzen – Allparteilichkeit

Mit der Kenntnis dieser neun Konfliktstufen nach Glasl können Sie Ihre Diagnose leichter wertfrei durchführen. Setzen Sie Ihre neutrale Brille als Führungskraft auf! Dies ist jetzt leicht dahingeschrieben, das wissen wir. Doch als Führungskraft sollten Sie einen möglichst allparteilichen Standpunkt vertreten.

Beispiel: Farbenspiel !

Sabrina Hauser verantwortet für die Großmolkerei als Verpackungsingenieurin das komplette Produktdesign. Für den Relaunch eines erfolgreichen Bio-Joghurts solle die Banderole neu gestaltet werden. Ihr Team, bestehend aus vier Designern, macht sich ans Werk und stellt begeistert die entwickelten Pläne vor. Als Team gilt es zu entscheiden, welche Farbpalette verwendet werden soll. Beim Meeting kommt es zu hitzigen Gesprächen mit spitzen Bemerkungen. Auslöser ist die Farbe des Produktnamens: hellblau oder babyblau. Es bilden sich zwei Parteien und nach drei Stunden heftiger Diskussionen vertagt Frau Hauser die Team-Entscheidung. Die Verärgerung ist bei allen deutlich zu spüren.

Ist es lächerlich, sich über Farbnuancen auseinanderzusetzen? Wie bei allem kommt es hier auf die Perspektive an. Den Geschäftsführer der Großmolkerei betrifft es eher am Rande. Viel stärker sind die Personen betroffen, die beim Verpackungsdesign direkt involviert sind. Hier geht es um viel mehr als um einen Farbton der Joghurtbanderole. Für einen Designer ist die Farbgestaltung so essenziell wie für einen Chirurgen das Skalpell. Lassen Sie sich kurz auf eine Gedankenübung ein.

Übung: Neuwagen !

Stellen Sie sich vor, Sie wollen sich einen Neuwagen kaufen. Das Modell sehen Sie vor Ihrem geistigen Auge – ja? Dann weiter. Wie viel wollen Sie in Extras investieren? Möchten Sie Alufelgen? Sollten diese schwarz oder silber sein, vielleicht auch eine ganz andere Farbe – rot? Und nun suchen Sie sich vor Ihrem inneren Auge die Lackierung für Ihr neues Auto aus. Sind Sie bereit, EUR 2.950 zusätzlich zu bezahlen, um Ihre Traumfarbe zu erhalten, oder schütteln Sie jetzt den Kopf und sagen, nein, eher verwende ich das Geld für einen Urlaub und nehme die Standardfarbe in Weiß oder Rot?

Vielleicht schütteln Sie nun nur Ihren Kopf und denken sich, was für eine idiotische Übung, Autos sind mir total egal! Sie können das Auto auswechseln und andere Konfliktauslöser einsetzen:

- Welche Farbe soll der Bürostuhl haben?
- Welches Handy darf ich auf Firmenkosten besitzen?
- Wie ist die Farbgestaltung in meinem Büro?
- Kann ich zum Kundentermin Economy oder Business fliegen?
- Erste oder zweite Klasse in der Deutschen Bundesbahn?

Alles Themen, die tagtäglich in Unternehmen diskutiert werden. Rational betrachtet, könnten die Kosten als Entscheidungskriterium dienen. Dies ist weit gefehlt! Persönliches Empfinden und individuelle Perspektive spielen die tragenden Rollen bei Konflikten.

! **Achtung**

Konflikte spielen sich immer auf der menschlichen Ebene ab. Es ist immer wichtig zu betrachten: Wie stehen die Konfliktpartner zueinander in Beziehung?

Lösungen finden für jede Konfliktstufe

Als Führungskraft lösen Sie tagtäglich Konflikte. Es gibt Auseinandersetzungen, die Sie problemlos klären und die Ihren Arbeitsalltag nur marginal beeinflussen, andere wiederum unterliegen nicht mehr Ihrer Macht. Die bereits am vorangegangenen Beispiel dargestellten Eskalationsstufen nach Glasl zeigen Ihnen in der folgenden Tabelle, wann Ihr Führungslatein am Ende ist und Sie Hilfe von außen benötigen.

Stufe	Spielraum	Akteure

1-3	Sie gestalten das Handlungsfeld und fungieren als »Schiedsrichter« bzw. Streitschlichter.	• Sie
		• Konfliktpartner, z. B.
		  – Mitarbeiter:in
		  – Vorgesetzte:r
		  – Kund:innen
		  – Kolleg:innen
		  – ...

4-6	Ab nun ist Ihr Spielraum deutlich eingeschränkt. Lassen Sie sich begleiten! Holen Sie sich »Linienrichter«.	• Sie
		• Konfliktparteien
		• Moderator:in, z. B.
		  – HR-Abteilung
		  – Vorgesetzte:r
		  – Personal-/Betriebsrat

7-9	Nur eine neutrale Instanz schafft Konfliktklärung: »Videoassistenz«.	• Sie • Konfliktparteien • externer Mediator • höchste Firmeninstanz (Geschäftsführung/Vorstand) • Schiedsgerichtsverfahren

Wenn Sie sich zwischen den Eskalationsstufen 4 bis 9 befinden, ist Ihr Spielfeld begrenzt. Starten Sie keinen Kampf gegen Windmühlen! Holen Sie sich professionelle Konfliktbegleitung.

Achtung: Lohnt es sich, den Konflikt zu klären oder lässt er sich mit anderem Handeln/Tun lösen?

!

Beantworten Sie sich vor dem Herangehen an einen Konflikt diese Frage. Starten Sie die Konfliktlösung nicht, wenn sich für Sie bessere Alternativen aufzeigen.

6.3.2 Konfliktstrategie – Ihre innere Haltung ist gefragt

Freuen Sie sich, in Konflikte – die oft eine negative Intonation beinhalten – einzusteigen, oder gehören Sie eher zu den Personen, die harmonische Arbeitsbeziehungen bevorzugen? Ersteres würde Ihrer Rolle gerechter werden, denn zum Führungsleben gehört es dazu, aktiv Konflikte zu bearbeiten. Wieso? Sie gehören sonst mittelfristig zwangsläufig zur »Verlierer-Mannschaft«, da andere Personen Sie als Bauernopfer im Unternehmensschachspiel betrachten, das sich hin- und herschieben lässt.

Schauen Sie sich genauer an, welche Konfliktstrategie aktuell Ihre bevorzugte ist – vielleicht ist es schon die erfolgversprechende. Falls nicht: Gestalten Sie als Führungskraft aktiv Ihre Entwicklung in der Konfliktlösung.

Lassen Sie uns die einzelnen Strategien betrachten.

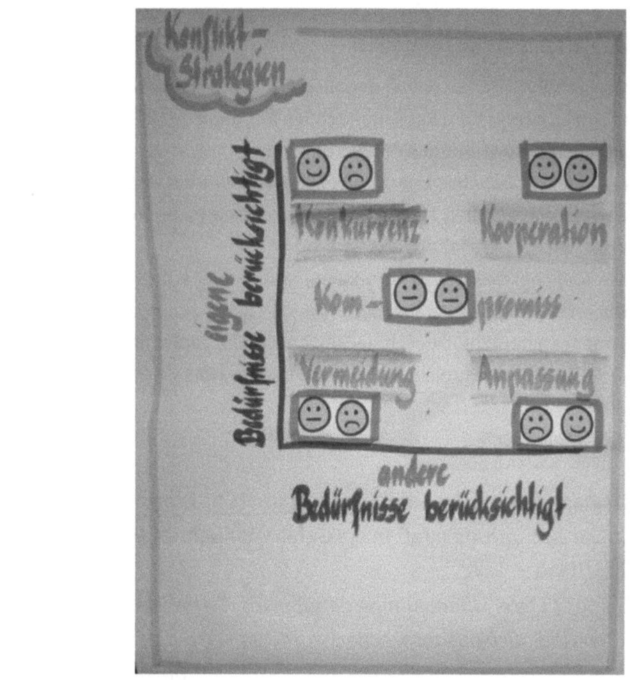

Abb. 17: Konfliktstrategien

6.3.2.1 Konfliktstrategie Kompromiss

!

Beispiel: Kompromiss – Stopp!

Sonntagabend, im Drei-Sterne-Lokal benötigen zwei Köche, Domenika und Michael, eine Orange. Fassungslos stellen sie fest, es ist nurmehr eine im Lager. Wer bekommt sie? Aufgrund des Zeitdrucks gehen sie einen Kompromiss ein, schneiden die Orange durch und jeder erhält eine Hälfte. Leider teilte keiner der beiden den Grund mit, wieso er die Orange benötigt: Domenika plante den Saft in das Dessert ein und Michael benötigte lediglich die Schale für den Rehrücken. Eine 100-Prozent-Lösung wäre möglich gewesen. Voraussetzung dafür ist, nicht gleich einen Kompromiss anzustreben, sondern nur zu kommunizieren.

Werden Sie sofort hellhörig, wenn es darum geht, einen Kompromiss anzustreben. Besonders unter Zeitdruck erscheint es manchmal zielführender, sich kompromissbereit zu zeigen. Doch oft stellt sich heraus: Mit einer minimalen Zeitinvestition und offenen Kommunikationsbereitschaft wäre die optimale Lösung erzielt worden.

Der Kompromiss ist ein guter Schirm, aber ein schlechtes Dach.
James Russell Lowell

6.3.2.2 Konfliktstrategie Abwarten

!

Beispiel: Vermeidung – Abwarten und Tee trinken

Die erfolgreiche Restaurantkette strebt weiter Expansion an. Ein neuer Standort wird in Berlin eröffnet. Der Projektleiter Nadim Rabil managt den Neubau perfekt. Er ist optimal im Zeitplan. Die montäglichen Besprechungen mit der Bauleitung und der Geschäftsführung bereiten ihm aber regelmäßige Bauchschmerzen. Die Firmeninhaberin verliert sich in Detailbetrachtungen. Ihr ist wichtig, bei allen Themen mitzuentscheiden. So wird z. B. lange über Steckdosenhalterungen und Lichtschalter diskutiert.

Den Zeitplan hält Herr Rabil nur deshalb so perfekt ein, weil er seit Baubeginn täglich bis spät in die Nacht arbeitet und einen guten Draht zur Handwerkermannschaft hat. Das Mikromanagement der Firmeninhaberin blockiert hingegen das zügige Vorankommen. Herr Rabil geht den Weg des geringsten Widerstandes und akzeptiert alles, was von der Geschäftsführung vorgegeben wird.

Die Vermeidungsstrategie ist hilfreich bei einmaligen »Mini-Ereignissen«. Auf Dauer praktiziert, geraten Sie als Führungskraft in die Gefahr der Selbstverleugnung.

Ein aus tiefster Überzeugung geäußertes »Nein« ist besser als ein »Ja«,
das lediglich ausgesprochen wurde, um zu gefallen oder schlimmer,
um Ärger zu vermeiden.
Mahatma Gandhi

Beispiel: Konkurrenz – Nach mir die Sintflut!

!

Laurenz Hoehler, Abteilungsleiter des exklusiven Trachtenmodenstores im traditionsreichen Familienunternehmen, erwirtschaftet in seinem Team den höchsten Ertrag zum Jahresergebnis. Seine Mitarbeiter:innen wissen, jeder VIP muss von ihm beraten werden. Bei den Halbjahrestreffen präsentiert Herr Hoehler wortreich seine eigenen Leistungen. Obwohl er bereits 56 Jahre alt ist, sträubt er sich, einen Nachfolger aufzubauen oder gute Kunden an seine Mitarbeiter:innen abzugeben. Die beschweren sich geschlossen bei der Firmenleitung über ihren Chef: »Weder haben wir eine Chance, unsere Verkäuferboni zu steigern, noch lässt uns Herr Hoehler an seinem Wissen teilhaben!« Da Herr Hoehler sich auf keine Diskussion einlässt, drohen einige Mitarbeiter:innen damit, zu kündigen, sollte sich Herr Hoehler weiterhin weigern, Kunden abzugeben.

Der Konkurrenzgeist, der in der Schule herrscht, zerstört alle Gefühle menschlicher Bruderschaft und Zusammenarbeit, und versteht Erfolg nicht als das Ergebnis einer Liebe zu produktiver und nachdenkender Arbeit, sondern als Produkt des persönlichen Ehrgeizes und der Angst vor Ablehnung.

Albert Einstein

Bei dieser Konkurrenzstrategie gibt es klar Gewinner und Verlierer. Favorisieren Sie vielleicht auch diese Strategie? Achten Sie darauf, dass Ihre Verlierer nicht zu aktiven Kontrahenten werden. Eine Lösung auf Biegen und Brechen durchzuboxen, erscheint manchmal hilfreich. Dies als Dauerstrategie zu verfolgen, ist im Führungsleben nicht zu empfehlen.

6.3.2.3 Konfliktstrategie Anpassung

Beispiel: Anpassung – Amöbenstrategie

!

Bernhard Biller verantwortet als dienstältester Mechatroniker den Versuchsaufbau in der Forschungswerkstatt. Vor einiger Zeit veränderte der neue Abteilungsleiter kurzfristig die Versuchsanordnung. Beim ersten Mal stellt sich Herr Biller schnell darauf ein. Er arbeitet am Wochenende, um den Kundenauftrag fertigstellen zu können.
Nun kommt der Abteilungsleiter fast wöchentlich mit kurzfristigen Umgestaltungen. Aufgrund der fundierten Erfahrung von Herrn Biller weiß dieser, dass die Änderungen einen erheblichen Mehraufwand bedeuten, der nicht im Verhältnis zum Kundenauftrag steht. Vorsichtig versucht Herr Biller, dies seinem Abteilungsleiter darzulegen. Der Abteilungsleiter geht aber auf die Argumente nicht ein. Herr Biller erledigt somit alle ihm anvertrauten Versuchsaufbauten weiterhin und schluckt seinen Ärger herunter. Ihm ist die harmonische Zusammenarbeit essenziell wichtig. Bewusst vermeidet er den Konflikt, indem er sich wie eine Amöbe anpasst.

Betrachten wir diese Strategie genauer, ist der Abteilungsleiter erst einmal der »Gewinner«. Herr Biller erfüllt die Aufträge und gibt keine Widerworte. Doch Vorsicht! Haben Sie »Biller-Persönlichkeiten« in Ihrem Team? Sie forcieren so Demotivation, schlimmstenfalls sogar innere Kündigung.

Anpassung ist die Stärke des Schwachen.
Wolfgang Herbst

6.3.2.4 Konfliktstrategie Kooperation

!

Beispiel: Kooperation – gemeinsam gehen wir unseren Lösungsweg

Veronique Deggeler und Simone Rescher arbeiten seit Jahren kollegial zusammen. Im Oktober steht das Planen für die Urlaubszeiten im kommenden Jahr an. Neu ist für das nächste Jahr, dass das Büro immer besetzt sein muss. Bisher stellte es kein Problem dar, wenn Frau Deggeler und Frau Rescher zeitgleich mit ihren Familien in Ferien fuhren. Beide erkennen die Konfliktursache und versuchen miteinander einen Weg zu finden, wie sie künftig die Urlaubszeiten gestalten können. Ihnen ist klar: Nur ein gelöster Konflikt ist ein Gewinn für sie.

Ich sage dir nicht, dass es leicht wird.
Ich sage dir, dass es sich lohnen wird!
Art Williams

Blicken Sie kurz auf die Tabelle und ordnen Sie sich ein.

!

Übung: Konfliktstrategien – Konfliktaktion

Vermeiden	Ich gehe dem Konflikt aus dem Weg, in der Hoffnung, dass er sich von selbst löst.
Konkurrenz	Ich betrachte meinen Konfliktpartner als Konkurrenten! Es geht darum, seine eigenen Interessen durchzusetzen. Ziel bei dieser Strategie ist: Ich bin der Gewinner!
Nachgeben	Ein hohes Harmoniebedürfnis sagt mir: Der Klügere gibt nach!
Kompromiss	Ich mache, ebenso wie mein Konfliktpartner, Abstriche. Wir treffen uns in der »Mitte«.
Kooperation	Gemeinsam suche ich mit meinem Konfliktpartner nach Lösungen. Möglichst viele Interessen werden dabei berücksichtigt.

6.3.3 Konfliktkommunikation

Abb. 18: Konflikt (Illustrator: Lars Krone)

Der Schlüssel zur Lösung von Konflikten ist einerseits, uns selbst verständlich zu machen und unsere Bedürfnisse zu transportieren, und andererseits, unseren Gesprächspartner zu verstehen und seinen Anliegen auf die Spur zu kommen. Konstruktive Konfliktkommunikation angelehnt an das Modell von Marshall B. Rosenberg unterstützt darin.

Abb. 19: Konfliktkommunikation

Beobachtung	Teilen Sie ohne zu bewerten mit, was Sie wahrgenommen haben.
Inneres Erleben	Was löst das in Ihnen aus? Wie sieht Ihr inneres Erleben aus?
Anliegen	Was genau ist Ihr Anliegen? Welche Bedürfnisse und Interessen haben Sie?
Bitte	Bitten Sie um das, was Sie von Ihrem Gegenüber benötigen, ohne zu fordern.

Eine Konfliktsituation bewertungsfrei zu schildern, dürfte sowohl Führungskräften als auch den meisten Menschen schwerfallen. Hilfreich sind eine gute Vorbereitung und schriftliche Notizen. Überlegen Sie sich auch, wie Sie Ihr Anliegen positiv formulieren können: »Was brauche ich für eine bessere Zukunft?« statt »Was nervt und stört mich?«

!

Beispiel: Missglücktes Kundengespräch klären

Severin Kahmen fährt mit seinem Bereichsleiter Dr. Markus Maurer zu einem Kundengespräch. Eine Woche vor dem Gespräch bittet Herr Kahmen den Bereichsleiter mehrere Male um einen Termin für die Gesprächsvorbereitung. Als »alter Hase« wiegelt Herr Maurer die Bitte ab. Beschwichtigend meint er zu seinem Mitarbeiter: »Wir kommunizieren agil während des Gesprächs und das können wir kurz während unserer Autofahrt zum Kunden klären.«
Während der Autofahrt einigen sich beide, dass Severin Kahmen in der Rolle als Abteilungsleiter das Gespräch führen wird, da er sich detailliert mit der Themenstellung des Kunden auskennt. Während des Kundengesprächs unterbricht Dr. Maurer mehrmals Herrn Kahmen. Nach der Hälfte des Gesprächs übernimmt Dr. Maurer die Gesprächsführung komplett. Herr Kahmen hält sich bewusst im Kundentermin zurück. Bei der Rückfahrt zur Firma spricht Herr Kahmen seinen Konflikt an. Er verwendet hierzu das Model der konstruktiven Kommunikation.

1. Beobachtung:
   »Während unseres Kundengesprächs haben Sie mich nach zwei Sätzen unterbrochen und die Gesprächsführung übernommen. Ich wollte unserem Kunden die Vorteile gerne selbst mitteilen.«
2. Inneres Erleben:
   »Ich war zunächst irritiert, da ich dachte, Sie trauen mir die Gesprächsführung beim Kunden nicht zu. Mich ärgert, dass der Kunde meine Argumente nicht gehört hat.«
3. Anliegen:
   »Ich brauche von Ihnen das Vertrauen, dass ich meine Sache gut mache und dass Sie mich ernst nehmen.«
4. Bitte:
   »Ich wünsche mir von Ihnen, dass Sie mich nicht mehr unterbrechen und mir mehr Raum bei Kundengesprächen geben.«

Auch das schwierigste Konfliktgespräch lässt sich mit einer guten Vorbereitung führen. Achten Sie auf die folgenden Aspekte:

Check-Liste: Konfliktgespräch vorbereiten

- Reden Sie von sich selbst und halten Sie sich an eine offene, konkrete und wertschätzende Kommunikation.
- Warten Sie mit dem Gespräch, bis Ihr erster Ärger abgeklungen ist.

- Bleiben Sie beim aktuellen Thema und belassen Sie »alte Leichen« im Keller.
- Suchen Sie Lösungen und nicht Schuldige.
- Greifen Sie die Vorschläge der Gegenseite auf und hören Sie zu.
- Vertiefen Sie das Verständnis durch offene Rückfragen: »Habe ich Sie richtig verstanden, dass ...«
- Zeigen Sie die Bereitschaft, die eigenen Anteile zu korrigieren.

6.3.4 Offene Konflikte – geschlossene Konflikte

Viele Konflikte im Arbeitsleben schwelen unter der Oberfläche vor sich hin. Die Beteiligten gehen sich aus dem Weg und reduzieren den direkten Kontakt auf das Allernötigste. Das Vermeiden von Kontakt kostet mindestens so viel Energie wie die offene Auseinandersetzung, bei der laut und oft unsachlich gestritten wird.

6.3.4.1 Offener Konflikt

Beispiel: Wieso du und nicht ich? !

Überraschend erhält Julia Kämpfer die Gruppenleiterposition im Team. Das komplette Team hat mit der Beförderung von Jasmin Hahner gerechnet, die langjährige Stellvertreterin der in den wohlverdienten Ruhestand gegangenen Führungskraft. Frau Hahner verfügt über großes fachliches Wissen, sie ist unter den Mitarbeiter:innen am längsten im Unternehmen. Jasmin Hahner formuliert ihrer neuen Vorgesetzten schnell ihren großen Unmut und kommuniziert eindeutig, dass sie Julia Kämpfer nicht als Gruppenleiterin akzeptiert. Sie widersetzt sich offen den Arbeitsanweisungen von Frau Kämpfer, verweigert die Zusammenarbeit und wiegelt die Teamkolleg:innen gegen sie auf.

Als Führungskraft gilt es, sein Team zu integrieren und eine positive Arbeitsatmosphäre zu gestalten. Umso heftiger und eventuell auch belastender ist ein offen ausgetragener Konflikt. Doch immerhin wissen Sie bei einem offenen Konflikt, woran Sie sind. Sie können einschätzen, mit wem Sie es zu tun haben und was Ihnen vorgeworfen wird. Damit ist der Konflikt leichter kalkulier- und lösbar als ein verdeckter Konflikt.

Offene Konflikte kennzeichnet eine unmittelbare Konfrontation der Beteiligten. Die Parteien

- prallen immer wieder aufeinander,
- verteidigen in einem offenen Streit die eigene Position,
- scharren »Verbündete« um sich und
- suchen die alleinige Schuld beim anderen.

Lösungsweg im offenen Konflikt

Offene Konflikte entstehen häufig dann, wenn sich eine Person nicht beachtet oder übergangen fühlt. Der Konflikt dient dann dazu, diese Ungerechtigkeit öffentlich zu machen. Nehmen Sie die Angriffe, auch wenn sie unsachlich sind, nicht persönlich. Setzen Sie sich stattdessen mit Ihren Mitarbeiter:innen oder Kolleg:innen auseinander:

Lösungsweg	Praxisfall
Hören Sie aufmerksam zu und geben Sie Rückmeldung über das, was bei Ihnen ankommt – ohne Vorwurf.	Sie akzeptieren nicht, dass ich Ihre neue Gruppenleiterin bin. Sie lehnen eine Zusammenarbeit mit mir ab. Habe ich Sie da richtig verstanden?
Stellen Sie Fragen zu Hintergründen und Motiven.	Erzählen Sie mir bitte, was Sie an unserer Zusammenarbeit hindert oder stört?
Bleiben Sie wertschätzend, verständlich und prägnant. Zeigen Sie Verständnis.	Ich kann Ihre Enttäuschung gut verstehen.
Reden Sie über sich und nicht über die Gegenseite.	Mir geht es so: Als neue Gruppenleiterin möchte ich einen guten Job machen. Dazu benötige ich das Vertrauen des ganzen Teams.
Teilen Sie Ihre Absichten und Haltungen mit.	Ich möchte den Konflikt mit Ihnen gerne beilegen. Dafür benötige ich Ihre Mitarbeit.
Gehen Sie das Problem an und nicht den Menschen.	Ich kann Ihren Blickwinkel verstehen. Trotzdem steht die Entscheidung. Wie sollen wir damit umgehen?

Packen Sie den Stier bei den Hörnern! Die Vogel-Strauß-Strategie (Kopf in den Sand stecken) erhöht die Konfliktschärfe und führt zwangsläufig zu Unruhe im Team.

6.3.4.2 Team- oder abteilungsübergreifender offener Konflikt

!

Beispiel: Marketing versus Vertrieb

Zwischen Marketingteam und Vertriebsabteilung kommt es zu periodischen Reibereien. Die Vorwürfe lauten: »Die verhalten sich absolut unkollegial. Wenn der Vertrieb ein Problem hat, muss es immer sofort gelöst werden. Sobald wir aber neue Verkaufsunterlagen konzipieren, werden diese abgelehnt und als nicht zielführend abgewiegelt.« vs. »Die Marketingabteilung ist schließlich dafür da, uns mit Werbematerialien zu unterstützen. Wenn wir nicht wären, hätten die gar keine Arbeit.«

Sobald nicht nur einzelne Personen, sondern ganze Teams beteiligt sind, erhöht sich die Komplexität des Konflikts. Es entstehen Frontbildungen, gegenseitige Schuldzuweisungen und eine ausgeprägte Abwehrhaltung. Weitere Kennzeichen von Teamkonflikten sind

- ein ausgeprägtes Schwarz-Weiß-Denken,
- die Mitglieder einer Gruppe stehen geschlossen zusammen,
- pauschale Abwertung jeder Person der anderen Gruppe,
- »Abweichler« werden schnell als Verräter gebrandmarkt und
- verhärtete Fronten zwischen den Gruppen.

Die Frontenbildung bei Teamkonflikten führt zu einem engen Zusammenrücken der Teammitglieder. Im Team finden sie ihre »emotionale Heimat« und kategorisieren klar in »Feind« und »Freund«. Diese gruppendynamischen Effekte erschweren die Lösung solcher Konflikte. Berücksichtigen Sie dies, falls Ihnen ein abteilungsübergreifender Konflikt in Ihrem Führungsleben begegnet.

Strategie	Beispiel
Teamkonflikte immer von einem neutralen Moderator begleiten lassen, der von beiden Seiten akzeptiert wird.	Können wir uns auf Herrn Meiser als Moderator einigen? Er ist als Mediator ausgebildet und keinem der beteiligten Teams verbunden.
Regeln und Rollen klären.	Herr Meiser moderiert also die Gespräche. Alle sichern zu, sich an die getroffenen Absprachen zu halten. Die Gesprächsprotokolle werden abwechselnd von den Teammitgliedern geführt.
Einen Plan aufstellen und strukturiert vorgehen.	Zu Beginn kommen wir alle vier Wochen zu einem Termin zusammen. Nach dem dritten Termin machen wir eine erste Bestandsaufnahme.
Gemeinsam das Problem definieren.	Die Situation stellt sich aus Sicht des Marketingteams und aus Sicht des Vertriebs so dar: ....
Lösungsvorschläge sammeln und auswählen.	Bis zu unserem nächsten Gespräch bitte ich alle hier Anwesenden, Lösungsideen mitzubringen.

6.3.4.3 Geschlossener Konflikt

Beispiel: Du bist mein Feind! !

Ayse Dedoulo und Fernanda della Sierra verbindet eine innige Abneigung zueinander. Nach außen sind sie übertrieben freundlich. In Gesprächen mit anderen Kolleg:innen versuchen sie aber, sich gegenseitig bloßzustellen und zu schaden. Obwohl sie seit Jahren zusammenarbeiten, haben sie einander noch nie geholfen. Auch der Abteilungsleiterin Bavnar Koschar bleibt der Konflikt nicht verborgen. Darauf angesprochen leugnen beide: »Wie kommen Sie denn darauf? Wir haben doch kein Problem miteinander.«

Gründe für verdeckte Konflikte sind z. B.:

- Die Gegenseite ist stärker und ich habe Angst, zu verlieren.
- Ich möchte die gute Stimmung und Harmonie in der Abteilung nicht belasten.
- Probleme löse ich lieber selbst. Da kann mir sowieso keiner helfen.
- Vor einer offenen Auseinandersetzung habe ich Angst. Am Ende stehen alle gegen mich.

Verdeckte Konflikte werden oft von Führungskräften (manchmal sogar von der gegnerischen Seite) nicht wahrgenommen. Sensibilisieren Sie Ihre Konflikt-Antennen. Kennzeichen für verdeckte Konflikte sind nicht immer eindeutig auf einen sichtbaren Konflikt zurückzuführen:

- Hohe Belastung, innerer Druck und Demotivation
- Störungen in der Zusammenarbeit, Dienst nach Vorschrift
- Angespanntheit und Gereiztheit
- Blockierung von Informationen und eisiges Schweigen

Lösungsweg im verdeckten Konflikt

Solange ein Konflikt verdeckt bleibt, ist eine Lösung unmöglich. Auch wenn Ayse Dedoulo und Fernanda della Sierra aus dem Beispiel nicht mehr zusammenarbeiten sollten, weil eine von ihnen die Abteilung wechselt, ist das keine Konfliktlösung, sondern eine Alternativlösung.

Strategie	Beispiel
Vorsichtiges Auftauen der Abwehrhaltung.	»Ich habe den Eindruck, dass Sie unter starkem Druck stehen und Sie belastet in die Arbeit kommen. Ist da etwas dran?«
Stärkung des Glaubens an die eigenen Konfliktlösungskompetenzen.	Eine ähnliche Situation habe ich vor zwei Jahren sehr gut gelöst. Diesmal schaffe ich das ebenso.
Wechsel der Perspektiven.	Wie nimmt wohl Frau X den Konflikt wahr? Wie sehen die Kolleg:innen von außen die Situation?
Einen Schritt zur Seite gehen.	Worum geht es bei diesem Konflikt überhaupt? Gab es einen konkreten Auslöser?
Verständnis schaffen.	Welche Motive hat die Gegenseite wirklich? Was sind meine Motive?
Mutig den ersten Schritt tun: ein Gespräch!	»Mein Eindruck ist, dass unser Verhältnis zueinander gestört ist. Darüber möchte ich gerne mit Ihnen sprechen.«

6.4 Veränderungen aktiv gestalten

Intelligenz ist die Fähigkeit, sich dem Wandel anzupassen.
Stephen Hawking

Der Wandel bzw. Change ist zunehmend ein zentrales Element in Unternehmen. Einige sind vom Wandel getrieben und ihm ausgesetzt, andere managen ihn aktiv und vorausschauend. Das bezieht sich auf:

- die Organisation der Unternehmen,
- die gelebte Kultur,
- die verwendeten Systeme und
- die Führungsinstrumente.

Veränderungen bedeuten eine erhebliche Zeitinvestition. Sie finden parallel zum Tagesgeschäft statt und erfordern zusätzliche Ressourcen von Ihnen als Führungskraft. Als Führungskraft sollten Sie den Wandel trotzdem aktiv angehen: Der proaktive Ansatz ist Erfolg versprechend! Wenn Sie sich immer wieder aktiv auf kontinuierlichen Wandel einstellen, dann kann ein Unternehmen positiv in die Zukunft gehen.

Beispiel !

Kaiser Wilhelm II, der letzte deutsche Kaiser, erlebte die Anfänge des Automobils. Voller Überzeugung meinte er: »Ich glaube an das Pferd. Das Automobil ist eine vorübergehende Erscheinung.« Diese Aussage über die Zukunft der Mobilität erwies sich als grundlegend falsch. Trotz erschütternder Skandale erzielte die Automobilbranche 2017 einen Rekordumsatz von 422,8 Mrd. Euro. Dies entspricht einer Steigerung zum Vorjahr von satten vier Prozent.

Was macht aber nun den Unterschied aus, ob ich von Veränderungen getrieben bin oder Veränderungen aktiv gestalte? Die Analyse von fehlerhaften Change-Prozessen zeigt die Ursachen, wieso viele Veränderungsprojekte scheitern:

- Ungenügende Vorbereitung und Planung
- Oktroyierte Initiative und Kommunikation von der Top-Führungsebene
- Mangelnde Zeit und Betrachtung im operativen Ablauf
- Fehlende Zieldefinitionen
- Unklare Rahmenbedingungen
- Betroffene und Beteiligte fungieren als »Bauern«: Anstelle von fundierten Hintergrundinformationen erfolgen Anweisungen
- Verunsicherung und Demotivation in der Belegschaft

6.4.1 Das Credo bei Veränderungsprozessen lautet: Mache die Betroffenen zu Beteiligten!

!

Beispiel: Alles Neu

Das Top-Management eines Unternehmens in der Lebensmittelbranche zeigt sich proaktiv und offen. Jährlich besuchen die Geschäftsführer die Geschäfte und hospitieren einen Tag. Sie räumen Milch ein, sortieren abgelaufene Ware und arbeiten an der Kasse. Otto Mahler stellt beim Kassieren fest, dass ihn die Fülle der Zahlungsmöglichkeiten und Rabattsysteme überfordern. Offen erzählen die Marktmitarbeiter:innen ihm über die Probleme bei den Kassensystemen, seitdem der großangekündigte Change-Prozess in jeder Niederlassung umgesetzt wurde. Anstelle von Arbeitserleichterung ähnelt das neue System einer Arbeitsbeschaffungsmaßnahme. Das konzipierte Veränderungsprojekt stellt sich in der tagtäglichen Umsetzung als Fehlinvestition heraus.

Springen Sie bitte nach oben und lesen Sie sich noch einmal die Ursachen vom Scheitern von nachhaltigen Change-Prozessen durch. Formulieren Sie die Punkte positiv um und Sie erhalten Ihre Erfolgsfaktoren für Ihr Veränderungsvorhaben. Sie können sich am 8-Phasen-Modell orientieren, in der Praxis zeigt es sich als hilfreich.

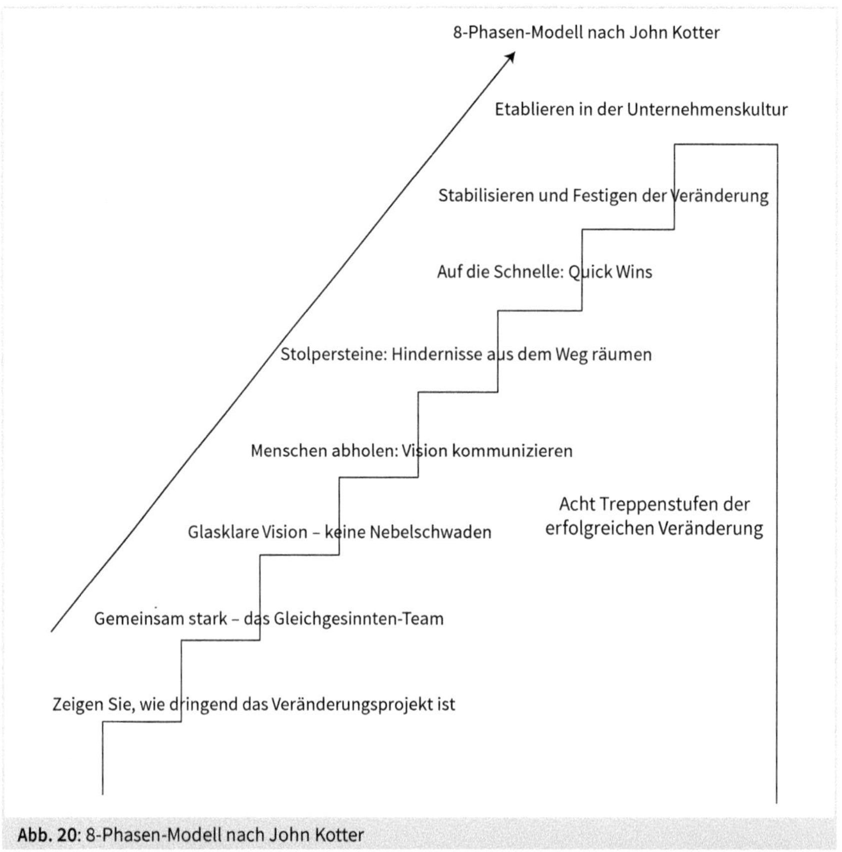

Abb. 20: 8-Phasen-Modell nach John Kotter

Sie bauen das Fundament für eine professionelle und erfolgreiche Veränderung, wenn Sie diese fünf Stufen implementieren. In den drei weiteren Stufen sind Sie noch stärker als Führungskraft gefordert. Hier kommt es auf Ihre Fähigkeit als Leader an, der es schafft, alle unterschiedlichen Mitarbeiterpersönlichkeiten zu synchronisieren. Ein Erfolgsrezept hierfür liefern wir Ihnen nicht, da jede:r Mitarbeiter:in bei Veränderungen hoch individuell reagiert: In Veränderungsprozessen sind Sie in puncto Durchführung und Umsetzung gefragt. In diesem Buch konnten Sie aber bereits einige wichtige Führungszutaten kennenlernen.

Zeigen Sie, wie dringend das Veränderungsprojekt ist

Sie wollen etwas verändern? Überzeugen Sie Ihr Team, Ihre:n Vorgesetzte:n und Ihre Führungskolleg:innen. Machen Sie deutlich,

- wieso Sie die angestrebten Veränderungen für wichtig erachten,
- welche Vorteile mittelfristig für jeden Einzelnen und das Unternehmen entstehen,
- was Ihr Beitrag im Veränderungsprozess ist,
- wie Sie Ihre Mitarbeiter:innen in den Zeiten des Wandels begleiten und unterstützen und
- wo Grenzen liegen könnten.

Sie erreichen durch Ihre offene Kommunikation eine motivierte Grundstimmung, die die Bereitschaft für Wandel und Veränderungen erhöht. Ihr Ziel sollte sein, mindestens zu Beginn mehr als zwei Drittel Ihrer Mannschaft von der Veränderung überzeugt zu haben. Die Notwendigkeit sollte allen Beteiligten deutlich kommuniziert werden.

6.4.2 Gemeinsam stark – das Gleichgesinnten-Team

Manche Mitarbeiter:innen müssen überzeugt werden, dass die Veränderung notwendig ist. Dies bedarf Ihrer klaren Führung und sichtbarer Unterstützung von Multiplikatoren und Entscheidungsträgern in Ihrer Firma. Sie brauchen ein Team von einflussreichen Menschen aus den verschiedensten Unternehmensbereichen, das kontinuierlich die Notwendigkeit der Veränderung kommuniziert und vorantreibt.

Wie aber kann ich dieses Team und Netzwerk finden und zusammenstellen? Wie kann ich sonstige erfolgskritische Einflussfaktoren erkennen? Ein hilfreiches Instrument ist die Umfeldanalyse: Ich identifiziere zunächst alle möglichen erfolgskritischen und relevanten Einflussfaktoren für das Veränderungsvorhaben. Dann analysiere ich die Stärke des Einflusses und klassifiziere eher förderliche, hinderliche oder neutrale Aspekte. So können die Multiplikatoren, aber auch kritische Themen strukturiert analysiert und definiert werden.

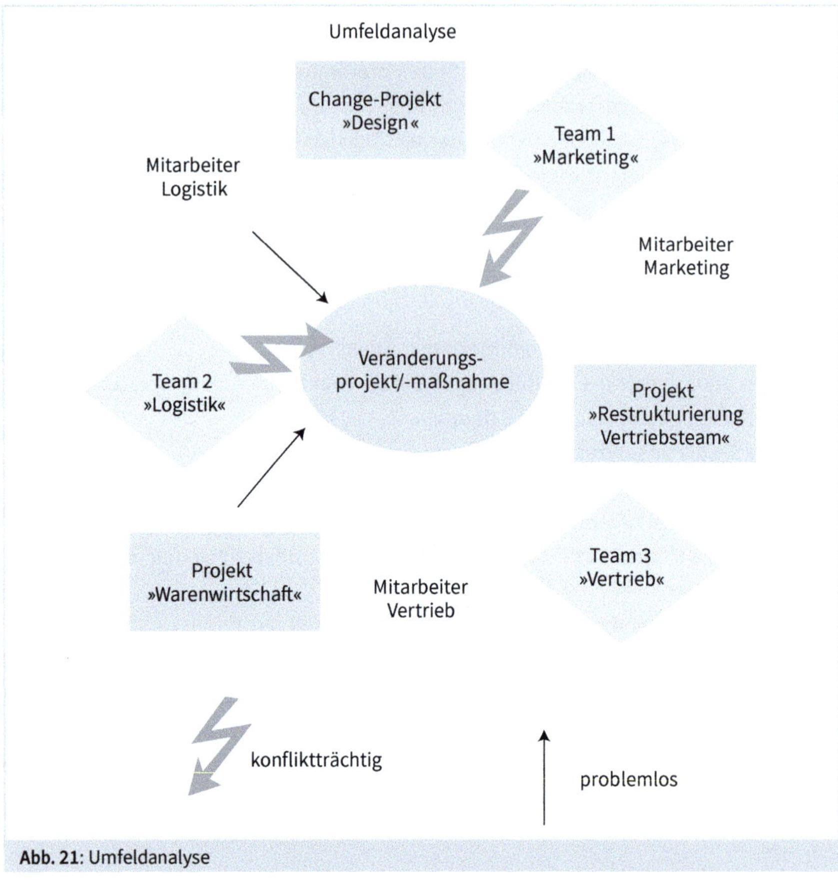

Abb. 21: Umfeldanalyse

Ein motivierendes Bild der Zukunft muss geschaffen werden: *eine glasklare Vision – keine Nebelschwaden*. Die klare Vision hilft allen zu verstehen, wohin die Reise geht.

! **Beispiel: Taxifahrt**

Pünktlich gelandet eilt Tamara Porter durch den Flughafen zum Taxistand. Sie springt auf die Rücksitzbank. »Wohin soll's gehen?«, will der Fahrer wissen. »Egal wohin, fahren Sie einfach los, ich werde überall gebraucht!« Welch ein Glück für den Taxifahrer, der freudestrahlend startet.

Nur wer sein Ziel kennt, findet den Weg.
Laotse

Change-Prozesse scheitern, da die Zieldefinition schwammig ist. Wie in einer Nebelmaschine stochern die Betroffenen umher und wissen nicht:

- Welche Vision gibt es,
- welcher Beitrag wird von mir erwartet und
- was habe ich zu erwarten?

»Wir wollen neue Märkte erschließen« ist eine Nebelzielvorgabe. Gute Ideen können nicht entwickelt werden, da das motivierende Zielbild fehlt.

Übung: Zukunftsblick in die Gegenwart !

Steigen Sie in die Zeitreisemaschine ein und fahren Sie mental fünf oder zehn Jahre in die Zukunft. Was hat sich in diesem Jahr verändert, wenn alle Change-Prozesse positiv umgesetzt wurden? Sie können viele Blickwinkel einnehmen:

- Führungsebene
- Mitarbeiter:in
- Teams/Abteilungen
- Kunden
- etc.

Notieren Sie sich die konkreten Veränderungen. Welche neuen Situationen ergeben sich aus dem Change? Sie entwickeln auf diese Weise ein visionäres Bild. Versuchen Sie so konkret wie nur möglich zu formulieren, was heute – also in der Gegenwart – geändert werden soll, warum und bis wann.

Menschen abholen: Vision kommunizieren

Veränderungen brauchen Anstoß und Bewusstsein. Warum etwas verändern, wenn etwas gut läuft, fragen sich die Mitarbeiter:innen. Jede:r Mitarbeiter:in sollte daher über die *Sinnhaftigkeit des Change-Prozesses* informiert werden. Ihre klare Kommunikation

- der Ausgangslage,
- der Hintergründe,
- der Notwendigkeit und

des erwarteten Nutzens der angestrebten Veränderung ist unumgänglich und steigert zudem die Motivation, sich aktiv am Veränderungsprozess zu beteiligen. All Ihre Mitarbeiter:innen müssen die Veränderungen engagiert akzeptieren, um sie dann fokussiert umzusetzen. Vermitteln Sie neben den »nackten« Informationen auch den »soften« Teil. Zeigen Sie Verständnis und Akzeptanz bei geäußerten Ängsten und Bedenken. Wischen Sie diese auf keinen Fall weg. Wenn Sie jetzt nicht auf diese Einwände eingehen, werden sie Ihnen später als Stolpersteine wieder begegnen. Bitte stellen Sie sich darauf ein – mit einer Informationsveranstaltung sind Sie noch lange nicht aus dem Schneider. In der Wiederholung der Hintergründe des Veränderungsprozesses liegt der Erfolg. Redundanzen sind bei Change-Projekten unerlässlich.

Beispiel: Quartalstagung !

Bei der vierteljährlichen Tagung präsentiert der Vorstandsvorsitzende die Neuausrichtung des Finanzdienstleisters. Er betont eindringlich, wie wichtig diese Neuausrichtung für den Fortbestand des Unternehmens sei. Freundlich »droht« er seinen Mitarbeiter:innen: »Ab jetzt weise ich Sie kontinuierlich auf den Change-Prozess hin. Sollten Sie nach dem siebten Mal schon die Augen verdrehen, sind wir auf dem richtigen Weg. Nur wenn Ihnen die kontinuierliche Wiederholung zum Halse heraushängt, nähern wir uns dem Ziel, erste Einstellungs- und Verhaltensänderungen zu erreichen.«

6.4.3 Stolpersteine: Hindernisse aus dem Weg räumen

In den vorangegangenen Kapiteln haben Sie sich mit dem Vorbereiten der geplanten Veränderung beschäftigt:

- Warum ist die Veränderung notwendig?
- Wen brauche ich zu der Veränderung?
- Welche Vision und Ziele verbinde ich mit der Veränderung und
- wie kommuniziere ich diese klar und motivierend?

Nun geht es für Sie darum, die notwendigen Strukturen zu verankern, damit Ihre Veränderung umgesetzt werden kann. Change-Projekte scheitern im Unternehmensalltag häufig, weil sie verordnet werden. Das kontinuierliche Begleiten des Prozesses verliert sich im Tagesgeschäft sowohl von Führungskraft als auch von Mitarbeiter:innen. Personelle Ressourcen sind oft der Flaschenhals, denn nur weil eine Veränderung anvisiert ist, bedeutet dies nicht, dass Personen eingestellt werden. Vielmehr wird die Zusatzarbeit auf die vorhandenen Mitarbeiter:innen aufgeteilt.

Je nach Größe des Change-Prozesses benötigt es daher eine deutliche Struktur der Gestaltung. Tools aus dem Projektmanagement helfen Ihnen dabei. Es gilt, die kleinen und großen Stolpersteine im Alltag zu entfernen und den Erfolg des Veränderungsprozesses durch klares und verbindliches Planen zu gewährleisten.

Check-Liste: Planungsmethode 6 »W«

Planungsfrage	Meine Perspektive/meine Antwort/meine Vision/meine Aktion
Warum?	
Was?	
Wie?	
Wer?	
Wann?	
Wie viel?	

6.5 Fehlerkultur integrieren

Mir ist egal, ob du schwarz, weiß, hetero, bisexuell, schwul, lesbisch, klein, groß, fett, dünn, reich oder arm bist. Wenn du nett zu mir bist, werde ich auch nett zu dir sein. Ganz einfach.
Eminem

Starten Sie mit der Fehleranalyse bei sich: Überlegen Sie sich Ihren Beitrag zum Fehler. Es ist einfacher, der Mitarbeiterin oder dem Mitarbeiter die ganze Verantwortung für den Fehler zu übertragen, als in die eigene Reflexion zu gehen. Hilfreich ist es, sich an die eigene Nase zu fassen. Bewahren Sie Contenance, wenn Sie Fehler entdecken. Primär ist es wichtig, ruhig und gelassen zu agieren.

Bleiben Sie wertschätzend zu der Person, der der Fehler unterlaufen ist, es lohnt sich. Wieso? Die angstfreie Umgebung fördert Arbeitszufriedenheit und -einsatz, und essenziell dabei: Die Fehlerquote sinkt. Sie wollen als Führungskraft bewundert werden und zu Ihnen soll »nach oben geschaut werden«: Leider halten Sie dann das falsche Buch in den Händen. Fehlerkultur aktiv zu leben bedeutet: Sie starten bei sich selbst!

Bei gelebter Angstkultur seien Sie sich gewiss: Ihre Mitarbeiter:innen werden viele Strategien entwickeln, damit Sie nichts davon erfahren! Kommt der Fehler dann doch ans Tageslicht, ist es leider oft schon zu spät.

Beispiel !

Rudolf Hutta räumt dem Kunden bei den Vertragsverhandlungen großzügige Zahlungsziele ein. Zurück im Büro stellt Herr Hutta fest, dass eine wichtige Mitteilung der Verkaufsabteilung ihn nicht erreicht hat. In der E-Mail standen die neuen Rahmenbedingungen beim Abschluss von Verträgen. Der Abteilungsleiter Wilfried Herbst reagierte bisher eher ungehalten bei Fehlern. So behält Herr Hutta diesen für sich. Er hofft auf die gute Zahlungsmoral des Kunden. Leider trifft dies nicht ein und so entsteht der Firma ein Schaden im vierstelligen Bereich.

Verärgert auf einen Fehler zu reagieren, ist hochgradig menschlich! Doch vermeiden Sie, emotional auf Fehler Ihrer Mitarbeiter:innen zu reagieren. Grundsätzlich macht niemand gerne Fehler. Sollten Sie zur Perfektionisten-Fraktion gehören, ist es für Ihre Mitarbeiter:innen umso schwieriger, Fehler offen zu kommunizieren. Brüllende Chef:innen reagieren einfach nur dämlich! Auszurasten ist kontraproduktiv!

6.5.1 Wann ist ein Fehler ein Fehler?

Betrachten wir im ersten Schritt den Begriff »Fehler«. Fehler bedeutet, es weicht etwas von der Norm ab.

! **Beispiel: Gehen Sie auf die Suche!**

Für ein renommiertes Finanzunternehmen sollten wir ein Angebot über eine groß angelegte Organisationsentwicklung erstellen. Nach ausführlicher persönlicher Auftragsklärung entwickelten wir eine 12-seitige Skizze mit der detaillierten Roadmap. Zwei Tage nach Abgabe meldete sich die Vorstandsassistenz mit dem Hinweis: »Ihnen sind zwei Fehler bei der Angebotserstellung unterlaufen, ein Orthographiefehler und ein Interpunktionsfehler. Bitte senden Sie uns erneut ein korrigiertes Angebot zu.«

Welche Kultur herrscht wohl in solch einem Unternehmen? Möchten Sie hier arbeiten? Wir entschieden uns für ein klares Nein.

Betrachten Sie sich nun Ihre Definition von Fehler, die letztlich hoch individuell ist.

! **Übung: Meine Fehlerbrille**

Der letzte Fehler im beruflichen Umfeld ist mir unterlaufen … (konkreter Zeitpunkt)	
Dieser Fehler löste aus … (wofür mussten Sie »geradestehen«?)	
Der Fehler kostete ca. in EUR ...	
Dieser Imageschaden ist für mich persönlich entstanden: …	
Ich habe mir den Fehler verziehen.	□ Ja □ Nein

Schauen Sie sich an, welche Konsequenzen Sie wegen Ihres Fehlers getragen haben. Ist es ein Untergang, wenn die PowerPoint-Präsentation Formatierungsfehler aufweist, oder können Sie darüber hinwegsehen?

! **Beispiel**

Ludwig Kraner soll auf einer Fachmesse einen Vortrag zum Thema »Selbst- und Zeitmanagement« halten. Als langjährige Führungskraft verfügt er über die notwendigen Kompetenzen und Erfahrungen. Aufgrund von Terminüberschneidungen delegiert Herr Kraner diesen Vortrag aber an seinen neuen Mitarbeiter Samuel Sommer. Da Herr Kraner in viele Projekte eingebunden ist, kann er seinen Mitarbeiter Sommer nur punktuell unterstützen. Beim

45-minütigen Vortrag von Samuel Sommer verlassen die meisten Zuhörer den Raum, da er nervös, aufgeregt und somit inkompetent wirkt. Am Folgetag beschwert sich der Auftraggeber bei Herrn Kraner über den unprofessionellen Vortrag. Herr Kraner entschuldigt sich bei seinem Kunden und sichert ihm zu, bei der nächsten Veranstaltung kostenfrei vorzutragen. Der Kunde ist froh über dieses großzügige Entgegenkommen und die Sache ist somit für ihn »vom Tisch«.

Hat Herr Kraner seinen Mitarbeiter Sommer überfordert? Ist er seiner Aufgabe als Führungskraft ungenügend nachgekommen? Wahrscheinlich können Sie beide Fragen mit Ja beantworten. Ein Blick durch die Fehlerbrille sollte zur Adlerperspektive führen. Hier betrachten Sie den Fehler aus einem größeren Blickwinkel und integrieren den Zeitaspekt.

Trainieren Sie Ihre Adlerperspektive und reflektieren Sie die folgenden Fragen:
- Führt der Fehler langfristig zu einem finanziellen Verlust?
- Entsteht ein Imageschaden?
- Ärgert Sie der Fehler persönlich?
- Was war mein Anteil am Fehler?

Wer ist schuld?
Es hilft weder Ihnen noch Ihren Mitarbeiter:innen, wenn Sie wie ein Kommissar nach dem Verursacher des Fehlers suchen. Den Schuldigen zu finden, um ihn dann gebührend zu »bestrafen«, führt zielsicher dazu, dass zukünftig Ihre Mitarbeiter:innen versuchen, die Fehler zu vertuschen. Suchen Sie besser nach der Ursache und versuchen Sie, diese zu beseitigen. Im Mittelpunkt soll die Sache stehen und auf keinen Fall Ihr:e Mitarbeiter:in.

Der/die kritisierte Mitarbeiter:in verfällt eher in die Strategie, sich zu verteidigen, anstatt die Sachebene zu analysieren. Verteidigung ist nie zielführend, da um Positionen »gestritten« wird und so Fronten entstehen! Praktizieren Sie mit Ihren Mitarbeiter:innen und in Ihrem Team die aktive Fehlerkultur. Verzichten Sie beim Fehlergespräch auf
- Schuldzuweisungen,
- Unterstellungen oder
- Beschimpfungen.

Tipp: Fehlersuche !

Analysieren Sie *mit* dem Mitarbeiter oder der Mitarbeiterin den Fehler. Fragen Sie:
- Wann ist der Fehler aufgetreten?
- Wie ist er aufgetreten?
- Was ist die Ursache?

- Wie ist es geschehen?
- Handelt es sich um einen Flüchtigkeits- bzw. Leichtsinnsfehler?
- Liegt ein systematischer Fehler vor?

Vermeiden Sie unbedingt Schuldzuweisungen wie:

- Wem ist der Fehler unterlaufen?
- Wer hat diesen Schmarrn zu verantworten?
- Warum konnte es dazu kommen?

Zeitverzögernd reagieren!

Tritt ein Fehler auf, erfolgt häufig eine unverzügliche Aktion. Diese Blitzreaktion ist nötig, wenn es um Leben und Tod geht! Stellen Sie sich daher vorher bitte die Frage:

- *Ist meine Reaktion jetzt lebensentscheidend?*

Agieren Sie sofort, wenn Sie diese Frage mit Ja beantworten, vielleicht arbeiten Sie als Notfallmediziner. Sollten sich ein Nein ergeben haben, können Sie tief durchatmen und in Ruhe überlegen, was zu tun ist. Oft hilft es schon, eine Nacht darüber zu schlafen. Sie bekommen so den nötigen Abstand. Viele Dinge sehen 24 Stunden später betrachtet doch anders aus.

!

Tipp: Fehler verschriften

Schreiben Sie die Ursache des Fehlers auf. Durch die Verschriftlichung strukturieren Sie Ihre Gedanken und können mit einem klareren Kopf mögliche Konsequenzen betrachten.

6.5.2 Fehlergespräch vorbereiten und führen

Weder Ihre Mitarbeiter:innen noch Sie als Führungskraft machen gerne und freiwillig Fehler. Umso unangenehmer ist es, wenn Fehler entdeckt werden und man damit konfrontiert wird. Eigene Fehler zu hören, trifft das Selbstwertgefühl. Wie viele Personen kennen Sie, die gerne mit ihren Fehlern konfrontiert werden?

Fehler bieten eine Lernchance. Sinn des Fehlergesprächs ist es, den/die Mitarbeiter:in weiterzuentwickeln und ihn/sie zu fördern. Der Fehler soll besprochen und Verbesserungen sollen eingeleitet werden.

!

Wichtig: Gelassenheit hilft

Führen Sie Fehlergespräche in einer offenen, ruhigen und sachlichen Atmosphäre. Im Gespräch muss klarwerden, dass sich der Fehler auf ein konkretes Arbeitsergebnis oder ein bestimmtes Verhalten bezieht – und nicht Ihr:e Mitarbeiter:in als Ganzes zur Debatte steht.

Bereiten Sie das Fehlergespräch fundiert vor! Ihre Punkte müssen konkret und nachweisbar sein, damit Ihr:e Mitarbeiter:in etwas damit anfangen kann. Stellen Sie sich auf die möglichen Reaktionen Ihres Gegenüber ein, dadurch gelingt es Ihnen, das Gespräch sachlich und zielgerichtet zu führen.

Sie gestalten die Fehlerkultur durch Ihre aktive Kommunikation beim Umgang mit Fehlern. Das »Sechs-Schritte-Modell« hilft Ihnen dabei.

Sechs-Schritte-Modell

		Beispiel
1	Benennen Sie den zu besprechenden Vorfall ohne Vorwurf und lassen Sie sich den Vorgang von Ihrem Gegenüber schildern.	Herr Gruber, gestern erhielt ich zwei Anrufe: Herr König beklagte sich, dass er mit einer Anfrage mehrmals von Ihnen vertröstet wurde, und Frau Berger teilte mir mit, dass sie seit zwei Wochen auf den Umtausch der Ware wartet. Beide sind verärgert und erwarten meine Stellungnahme. Schildern Sie mir doch bitte Ihre Sicht der beiden Vorfälle.
2	Lassen Sie den Kritisierten die Zusammenhänge und Folgen analysieren.	Was meinen Sie, waren die Auslöser für die Fehler? Welche Folgen haben die Ereignisse? Wer ist davon in welchem Umfang betroffen?
3	Fragen Sie den Kritisierten nach eigenen Lösungsansätzen.	Wie können Sie den Fehler in Zukunft verhindern? Was ist Ihrer Meinung nach zu tun oder zu verändern?
4	Bieten Sie Unterstützung an.	Was brauchen Sie, um solche Situationen künftig zu vermeiden?
5	Fassen Sie die Ergebnisse zusammen und vereinbaren Sie ein Folgegespräch	Wir halten also fest: Sie rufen die beiden Kunden heute noch an. Wenn es wieder zu Engpässen kommt, wenden Sie sich direkt an mich. Lassen Sie uns in zwei Wochen ein weiteres Gespräch führen und die Umsetzung kontrollieren.
6	Schließen Sie das Gespräch positiv ab.	Vielen Dank, Herr Gruber, für das offene Gespräch. Ich bin mir sicher, dass Sie das hinkriegen.

6.6 Führen in der virtuellen Welt

»Distanz ist nicht für die Ängstlichen, sondern für die Mutigen. Sie ist für diejenigen, die bereit sind, viel Zeit allein zu verbringen im Austausch für ein wenig Zeit mit denen, die sie schätzen. Es ist für diejenigen, die eine gute Sache erkennen, wenn sie sie sehen, auch wenn sie sie nicht oft genug sehen.«
Meghan Daum

Das Corona-Virus veränderte die Arbeitswelt in einer unvorstellbaren Geschwindigkeit. Welche Auswirkung auf die Welt eine Lungenentzündung auslöste, dessen

Ursache noch unbekannt war, konnte Ende 2019 niemand ahnen. Innerhalb weniger Wochen entwickelte sich COVID 19 von der Epidemie zur Pandemie. Die massive Folge war, dass die vernetzte und globalisierte Welt zum Stillstand kam.

Die soziokulturellen Folgen waren plötzlich spür- und sichtbar. Die Regierung in Deutschland verpflichtete die Unternehmen dazu, Homeoffice zu ermöglichen. Die SARS-CoV-2-Arbeitsschutzverordnung (Corona ArbSChV-E) schreibt vor:

»den Beschäftigten im Falle von Büroarbeit oder vergleichbaren Tätigkeiten anzubieten, diese Tätigkeiten in deren Wohnung (Homeoffice) auszuführen, wenn keine zwingenden betriebsbedingten Gründe entgegenstehen«.

Für viele Unternehmen bedeutete dies, Abschied zu nehmen von der Vorstellung, Mitarbeiter:innen sind produktiv, wenn sie im Büro arbeiten und ergo unproduktiv im Homeoffice. O-Ton vieler Führungskräfte: »So kann ich die Mitarbeitenden kontrollieren. Im Homeoffice machen sie alles möglich, arbeiten nur nicht richtig.« Das Corona-Virus zwang zum radikalen Umdenken. Kollaborationssoftware zur virtuellen Kommunikation, wie:

- Microsoft Teams
- Skype
- Zoom
- Google Meet
- Miro
- Witeboard
- Dropbox
- To-Do von Workast
- Slack

ermöglichen die Zusammenarbeit im digitalen Raum.

Für Sie als Führungskraft bedeutete dies, Sie tauchten in eine neue Welt ein, die sowohl für Sie als auch Ihre Mitarbeiter:innen unbekannt war. Agilität bekam einen neuen Bezugsrahmen. Stellen Sie sich Ihre Führungsaufgabe in der virtuellen Welt so vor, wie das Leben in einer Fernbeziehung. Zu Beginn ist die neue Situation einerseits belastend (ich muss mich von bekannten Gewohnheiten verabschieden) und andererseits spannend (ich verlasse meinen Komfortraum und wage den Schritt auf unbekanntes Terrain).

Stimmen Sie dem Ex-Google-CEO Eric Schmidt zu? Er konstatierte: »Das Internet ist das größte Experiment in Sachen Anarchie, das es jemals gab.« Sind Sie eine erfolgreiche Führungskraft, wenn Sie in der Anarchie arbeiten? Unter Anarchie wird Herrschaftslosigkeit (vielleicht Führungslosigkeit) verstanden. Homeoffice bedeutet für Ihre Mitarbeitenden zusätzliche Anforderungen an Selbstverantwortung und Arbeitsorganisation.

6.6.1 Kennzeichen virtueller Führung

Das Wort »virtuell« stammt vom lateinischen »virtus« ab, das mit Tatkraft und Tugend übersetzt wird.

Genau wie in »realen« Teams existiert in der virtuellen Zusammenarbeit eine Abhängigkeit der Mitglieder und eine Verbindung durch einen gemeinsamen Zweck. Der Unterschied zu herkömmlichen Teams ist, dass über räumliche Grenzen hinweg zusammengearbeitet wird. Befinden sich Teammitglieder in unterschiedlichen Zeitzonen oder Organisationen? Dann sind auch Zeit- und Organisationsgrenzen zu berücksichtigen.

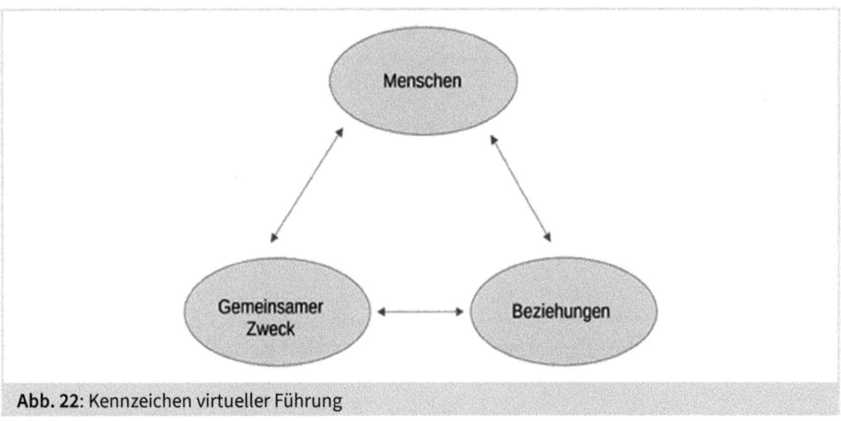

Abb. 22: Kennzeichen virtueller Führung

Virtuelle Führung gelingt, wenn alle Beteiligten einen gemeinsamen Zweck verfolgen, die Rollen und Aufgaben klar sind und die Beziehungen durch (digitale) Interaktionen gepflegt werden.

Menschen
Das Arbeiten im Homeoffice bietet dem Einzelnen völlig neue Freiheiten und Möglichkeiten in der Gestaltung des individuellen Arbeitstages. Mangelt es an Selbstorganisation und -disziplin, kann es schnell zur Überforderung führen. Die unterschiedlichen Anforderungen der Mitarbeiter:innen hinsichtlich Vertrauen, Unterstützung und Kontrolle gilt es, herauszufinden, und in der Führung zu berücksichtigen.

Gemeinsamer Zweck
Der gemeinsame Zweck ergibt sich aus den übergeordneten Zielen des Teams. Im besten Fall wirkt er auf jedes Teammitglied motivierend und attraktiv. So kann er als Kompass dienen, der auch bei »Schlechtwetter« die Richtung vorgibt.

Beziehungen

Unsere Erfahrung aus der Begleitung vieler Teamentwicklungsprozesse zeigt: Die Beziehungen im Team sind, in realen wie in virtuellen Teams, die wichtigste Zutat für konstruktives und zielgerichtetes Arbeiten. Die besondere Herausforderung virtueller Führung besteht darin, die Beziehungen unter den Teammitgliedern – trotz räumlicher Distanz – zu fördern und zu pflegen.

!

Übung: Führung eines virtuellen Teams vorbereiten

Zur Vorbereitung auf die Führung eines virtuellen Teams helfen Ihnen die folgenden Fragen, Sicherheit zu gewinnen und Schwachstellen aufzudecken:

- Sind die gemeinsamen Ziele definiert und kommuniziert? Sind sie für alle Beteiligten nachvollziehbar und attraktiv?
- Sind alle Aufgaben, Prozesse und Kommunikationskanäle auf virtuelles Arbeiten ausgelegt? Sind diese mit dem Team abgestimmt und von allen akzeptiert?
- Sind alle Mitarbeitenden mit den notwendigen Kompetenzen sowie technischen Voraussetzungen ausgestattet?
- Verfügen die »virtuellen« Teammitglieder über ausreichend Autonomie und Selbstständigkeit?
- Wie vertrauensvoll sind die Beziehungen untereinander und welche Führungsmaßnahmen können, trotz virtueller Zusammenarbeit, das Vertrauen erhalten und fördern?

6.6.2 Technische Voraussetzungen: diese werden benötigt

Prüfen Sie, ob Ihr Homeoffice ein Energieräuber ist oder ob Sie hier die notwendige Ruhe finden, um Ihre Führungsaufgaben professionell zu erledigen. Es gilt wie bei jeder Sportart: Sie benötigen Top-Equipment für Ihren Erfolg. Mit Budapester-Schuhen Marathon zu laufen ist möglich, ist es aber effektiv? Nein! Die Effektivität zielt auf das Ergebnis ab. Prüfen Sie Ihre Umgebung, ob Sie Ihre Leadership-Themen fokussieren.

6.6.3 Infrastruktur

Ihre Mitarbeiter:innen sind ihre eigenen Chef:innen im Homeoffice. Sie benötigen hohe Eigenmotivation, müssen Ablenkungsquellen, die es zu Hause viel mehr gibt als im Büro, ausschalten und Gewissenhaftigkeit beweisen, um effizient ihre Arbeitsaufgaben erledigen zu können.

Ihre Aufgabe als Führungskraft ist, Ihren Mitarbeiter:innen die funktionstüchtige Infrastruktur zu gewährleisten, nur so steht virtuelles Arbeiten auf einem festen Fundament. Fehlt es an der Basis, erschwert dies Ihre Mitarbeiter:innen-Führung. Prüfen Sie im ersten Schritt, ob die Arbeitsumwelt störungsfrei ist. Geben Sie diese Übung auch

Ihrer Mitarbeiter:in, so ist es möglich zu prüfen, ob am Arbeitsplatz Punkte verändert werden sollen.

Übung: Infrastruktur »Mein Homeoffice« !

- An meinem Arbeitsplatz kann ich konzentriert, ohne Ablenkungen arbeiten. (Ablenkungsquellen: Fernseher/Radio/Mitbewohner:innen/Kinder/Lärm ...)
- Die ergonomischen Voraussetzungen sind gegeben. (geeigneter Bürostuhl und Schreibtisch/genügend Platz/top: höhenverstellbarer Schreibtisch /Raumatmosphäre ...)
- Die Soft- und Hardware entsprechen dem aktuellen Stand der Technik. (stabile Internetverbindung/funktionierende Telefonleitung/PC funktionstüchtig/Handy als Back-up, falls die Internetverbindung unterbrochen ist/Homeoffice-Programme installiert ...)
- Persönliche Stimmung und Produktivität werden vom Tageslicht beeinflusst. Haben Sie genügend Licht an Ihrem Arbeitsplatz, eine möglich Alternative bietet eine Tageslichtlampe.

6.6.4 Mindset: Arbeitszeit und Freizeit

Im Homeoffice verschwimmen die Grenzen zwischen Arbeitszeit und privater Zeit. Mitarbeiter:innen können im Freizeitlook remote arbeiten. Ein komplettes Businessoutfit ist unnötig, da Videokonferenzen die Sicht auf den Oberkörper ermöglichen, jedoch nicht auf die gesamte Person. Körperpflege kann beim Homeoffice ebenso vernachlässigt werden, der Geruchssinn ist hier nicht gefordert. Schaffen Sie durch Rahmenbedingungen und klare Absprachen ein Mindset, das Ihre Mitarbeiter:innen dabei unterstützt, positiv das Homeoffice-Leben zu gestalten. Achten Sie darauf, dass Ihre Mitarbeiter:innen eine gute Balance zwischen Business und Privat leben. Die Formel »24 Stunden/7 Tage die Woche« ist im Homeoffice obsolet.

6.6.5 Mindset: Gelebte Vertrauenskultur als Erfolgsgarant beim Homeoffice

Beispiel: !

Prof. Susanne Karglmeier leitet in ihrer Abteilung eine Forschungsgruppe mit fünf Wissenschlaftler:innen. Fokus der Gruppe ist Studienergebnisse von randomisierten Feldstudien statistisch darzustellen. Zum Teamritual gehört der gemeinsame Morgenkaffee, bei dem die täglichen Aufgabenstellungen besprochen und die Kantinenverabredung vereinbart wurden. Dieses soziale Zusammensein bedeutete der Abteilung viel. Die Corona-Krise führte zur Schließung des gesamten Instituts. Von heute auf morgen war jede:r auf sich allein gestellt. Für Prof. Karglmeier war die Situation besonders herausfordernd. Durch die kontinuierlichen Treffen hatte sie die Forschungsgruppe immer im Blick. Ihre tägliche Kontrolle lief eher unter dem Radar.

Virtuell Führen erfordert ein hohes Maß an Vertrauen in die Fähigkeiten und Selbstverantwortung der Mitarbeitenden.

!

Tipp

Vertrauen ist gut, Kontrolle ist schlechter. Schaffen Sie ein Klima der Vertrauenskultur in Ihrem virtuellen Führungsleben.

Als es noch die alte Welt gab, war die Einstellung weit verbreitet, nur wer am Arbeitsplatz anwesend ist, arbeitet »richtig«. Diese Annahme gehört definitiv zur Märchenkategorie »Es war einmal …«. In der Homeoffice-Zeit gilt: Es zählt die Zielerreichung, das Resultat – nicht die Verweildauer am Schreibtisch. Verabschieden Sie sich von Kontrollschleifen und etablieren Sie eine Vertrauenskultur. Arbeiten Sie jetzt weniger, schlampiger, unzuverlässiger, da Sie aus dem Homeoffice führen? Wahrscheinlich schütteln Sie selbstverständlich Ihren Kopf. Vielleicht kommt Ihnen auch ein entsetztes NEIN heraus. Genau hier gilt es anzusetzen, misstrauen Sie Ihren Mitarbeiter:innen nicht, sondern schenken Sie Ihnen Ihr Vertrauen.

!

Beispiel

Kennen Sie den Pygmalioneffekt? Im Jahr 1968 führten die Psychologen Robert Rosenthal und Leonore Jacobsen ein Experiment an amerikanischen Schulen durch. Sie informierten zu Schulanfang die Lehrer:innen, ihre neue Klasse sei mit den intelligentesten Schüler:innen besetzt. Zum Schuljahresende waren diese Klassen erheblich besser als die Vergleichsklassen. Das Spannende war, das Psychologenteam tischte den Lehrer:innen eine Lüge auf. Die Klassen wurden nach Zufallsprinzip gebildet. Was ist geschehen? Die Lehrer:innen meinten, vor ihnen sitzen Schüler:innen mit einem hohen IQ. Die Schüler:innen dachten, sie gehören zur Elite. Ihnen wurde mehr zugetraut und die Leistungs- und Lernkurve stieg deutlich.
Was ist das Fazit dieses Experiments? Vertrauen steigert verstandesmäßige Fähigkeiten, es schafft Wunder.

Gehen Sie auf eine kleine Gedankenreise und versuchen Sie ehrlich Ihr Vorschussvertrauen einzuschätzen.

!

Reflektionsübung: Vertrauenskultur leben

Die Beziehung zu meinen Mitarbeiter:innen ist geprägt von:

Distanz									Nähe
1	2	3	4	5	6	7	8	9	10

Meine Mitarbeiter:innen tragen Veränderungen mit:

nach längerer Diskussion									zeitnah
1	2	3	4	5	6	7	8	9	10

Konflikte offen anzusprechen sind in meinem Team:

wenig ausgeprägt									stark ausgeprägt
1	2	3	4	5	6	7	8	9	10

Ich kontrolliere meine Mitarbeiter:innen:

engmaschig									punktuell
1	2	3	4	5	6	7	8	9	10

Die Mitarbeiter:innen geben mir Feedback, sie sagen mir offen ihre Kritikpunkte:

sofort									eher nicht
1	2	3	4	5	6	7	8	9	10

Ich kann sofort fünf Stärken meiner einzelnen Mitarbeiter:innen nennen:

benötige Zeit									sofort
1	2	3	4	5	6	7	8	9	10

Meine Fehler gebe ich offen zu:

nein									ja
1	2	3	4	5	6	7	8	9	10

Ich bin verbindlich in meinen Aussagen.

manchmal									immer
1	2	3	4	5	6	7	8	9	10

Fazit:

!

Je höher Ihr Punktwert ist, desto stärker ist Ihr Vorschussvertrauen entwickelt. Wichtig: volle Punktzahl gibt es nicht.

Schaffen Sie ein Umfeld, indem Ihre Mitarbeiter:innen mutig sind und sich trauen:

- Fragen einzubringen,
- Kritik zu äußern,
- Ideen zu kreieren,
- motiviert zu sein.

Vermitteln Sie Ihren Mitarbeiter:innen psychologische Sicherheit. Sie schaffen dadurch mehr Verbindlichkeit und Zugehörigkeit als durch finanzielle Anreizsysteme.

6.7 Toolbox füllen

Im Führungsalltag der virtuellen Welt gibt es einen Dreiklang, den Sie beachten und bewusst praktizieren sollten:

kommunizieren:kommunizieren:kommunizieren

Eine engmaschige Kommunikation ist essenziell für die Arbeit im Homeoffice. Informelle Plattformen entfallen durch die äußeren Faktoren. Der Montagsmorgenplausch über die Fußballbundesliga, der Austausch an der Kaffeemaschine, die gemeinsamen Mittagessenstreffen sind sozialer Schmierstoff für gute Führung. Es geht neben dem fachlichen Austausch ums »Menscheln«. Keiner sollte ein Eremitendasein führen oder sich allein gelassen fühlen. Schaffen Sie virtuelle Begegnungsräume, um den regelmäßigen Austausch zu gewährleisten.

6.7.1 Terminrahmen

Definieren Sie verbindliche feste Termine, die Sie in einem regelmäßigen Abstand durchführen. Greifen Sie auf Ihre Führungserfahrung im analogen Raum zurück und transformieren Sie eine bewährte Meetingstruktur in den virtuellen.

Checkliste: Teammeetings

Meeting	Empfohlene Häufigkeit
Daily Stand-ups	täglich
Jour Fixe	wöchentlich bzw. 14-tägig
Operative Meetings/Teamstatustreffen	1-mal im Quartal
Projektplanungsmeeting/Steuerungsaustausch	bedarfsorientiert
Design Thinking Meetings/Kreativtreffen	bedarfsorientiert

Berechnen Sie das Zeitbudget ausreichend. Lieber ein paar Minuten länger, als Hetze aufkommen zu lassen. Integrieren Sie Ihre Mitarbeiter:innen in die Entscheidungsprozesse, wann welche Meetings wie lange durchgeführt werden sollen.

Gehen Sie bei den Meetings klar in Führung, nur so vermeiden Sie Verantwortungsdiffusion und Ihre Mitarbeitenden verlassen das Treffen mit einer klaren Aufgabe.

6.7.2 Pausen aktiv einplanen

Fordern Sie Ihre Mitarbeiter:innen aktiv auf, bewusst Pausen einzuplanen. Es gilt Puffer in den Kalender einzubauen, da niemand nonstop produktiv arbeiten kann. Die Gefahr, sich terminlich zu eng zu takten, ist besonders im Homeoffice hoch.

! **Tipp**

Alle zwei bis drei Stunden mindestens 15 Minuten Pause einplanen. Kurz an die frische Luft zu gehen hilft, sich zu regenerieren. Bewegung hält Körper und Geist fit. Wissenschaftliche Studien beweisen, dass das Leben im Sitzen ein Risikofaktor für Krankheiten wie Adipositas,

Depression und sogar Herzschwäche ist. Animieren Sie Ihre Mitarbeitenden, Aktivität in ihren Remote-Arbeitsalltag zu integrieren. Während eines Spaziergangs bietet es sich an, auch ein Telefonmeeting durchzuführen.

6.7.3 Exklusivgespräch mit einzelnen Mitarbeiter:innen

In virtuellen Teammeetings passiert es oft, dass die üblichen Verdächtigen den größten Redeanteil einnehmen. Introvertierte Mitarbeiter:innen halten sich eher zurück. Durch den deutlich reduzierten Kontakt ist es umso wichtiger, Exklusivgespräche mit den Mitarbeitenden zu führen. Wöchentlich fünfzehn Minuten pro Mitarbeiter:in anzusetzen sind gut, um Platz für Themen zu haben, die nicht nur um die Arbeit kreisen:

- wie Sie als Führungskraft unterstützen können;
- was Ihre Mitarbeiter:in beschäftigt, blockiert, antreibt;
- wie die Mitarbeiter:in mit der Remote-Arbeit zurechtkommt;
- welche Themen off the job fordernd sind.

Fokussieren Sie sich voll und ganz bei solchen Gesprächen auf Ihre Mitarbeiter:in. Lassen Sie sich nicht durch E-Mails oder eingehende Telefonate ablenken. Schenken Sie Ihrer Mitarbeiter:in das Gefühl: In diesen 15 Minuten stehst DU in meinem Mittelpunkt.

7 Von der Theorie zur Praxis

7.1 Führen im ewigen Eis

1914 stach der britische Polarforscher Ernest Shackleton gemeinsam mit 27 Crewmitgliedern auf dem Expeditionsschiff »Endurance« von Plymouth aus in See. Ziel der Reise war die erste Durchquerung der Antarktis. Die beiden Pole waren bereits entdeckt und die Polarforscher suchten neue Herausforderungen. Die Expedition scheiterte, genau wie alle anderen Polarexpeditionen Shackletons. Dennoch gilt er als großer Polarforscher mit einer hervorragenden Führungspersönlichkeit.

Bei dieser Expedition sank das Schiff im antarktischen Packeis nach einem Jahr und die Mannschaft kämpfte sich mit ein paar Rettungsbooten und dürftiger Ausrüstung durch. Am Ende gelang es allen Teilnehmern nach einem fast zweijährigen Überlebenskampf, wohlbehalten nach Hause zu kommen. Ein Wunder angesichts des menschenfeindlichen Umfelds und der zur Verfügung stehenden Ausrüstung zu Beginn des 20. Jahrhunderts. Die Überlebenden der Reise waren sich einig: Shackleton schaffte mit Optimismus, Vertrauen und Einfühlungsvermögen erst die Voraussetzungen für das glückliche Ende.

Ohne jeden Zweifel verdanken wir alle unser Leben seiner Führung und seiner Fähigkeit, aus ganz unterschiedlichen Persönlichkeiten eine loyale, zusammenhaltende Gruppe zu schaffen.
Reginald W. James, Physiker auf der Endurance

Auch heute noch gilt die Geschichte der Endurance-Reise als Musterbeispiel für hervorragendes Krisenmanagement und vorbildliche Führung.

Die Mannschaft zusammenstellen und formen
Männer für gefährliche Reise gesucht. Geringer Lohn, bittere Kälte, lange Monate völliger Dunkelheit, ständige Gefahr. Sichere Rückkehr zweifelhaft. Ehre und Ruhm im Erfolgsfall. Ernest Shackleton – So lautete angeblich die Stellenanzeige, mit der Shackleton die Teilnehmer der Expedition rekrutierte. Aus knapp 5000 Bewerbungen von Männern aus allen Gesellschaftsschichten konnte er frei auswählen. Vor allem achtete er darauf, dass die Crewmitglieder seine Begeisterung und Motivation für die Antarktis teilten. Teilnehmer an Polarexpeditionen genossen zu dieser Zeit ein hohes Ansehen. Shackleton ging es aber darum, Männer zu finden, die mehr an der Aufgabe als am damit verbundenen Ruhm interessiert waren. Neben der fachlichen Qualifikation und den körperlichen Voraussetzungen standen Optimismus und Teamfähigkeit ganz oben auf der Liste der Auswahlkriterien:

- Bereitschaft jedes Einzelnen (auch der Wissenschaftler), einfache Arbeiten zu übernehmen und den anderen zu helfen
- Besondere Talente außerhalb der fachlichen Qualifikation, die dem Zusammenhalt dienen (wie Singen, Dichten und Unterhalten)
- Loyalität gegenüber der Gruppe und den gemeinsamen Zielen

Shackleton führte unorthodoxe Bewerbungsgespräche, an die sich die Expeditionsteilnehmer noch lange erinnerten. »Können Sie singen oder beherrschen Sie ein Instrument? Sind Sie gutmütig?«, waren Standardfragen in seinen Interviews. Er wollte herausfinden, was die Menschen antrieb und wie loyal und teamfähig sie sind. Diese Eigenschaften in einem Bewerbungsgespräch zu ergründen, ist über 100 Jahre später immer noch eine zentrale Herausforderung.

Vor und während der Expedition führte Shackleton Einzelgespräche mit den Männern. Er fragte nach und zeigte aufrichtiges Interesse. So baute er eine persönliche Bindung zu jedem Einzelnen auf und konnte sie in ihrer individuellen Entwicklung fördern.

Die klassische Hierarchie an Bord löste er auf. Nachtwachen, Kohleschaufeln und einfache Matrosentätigkeiten wurden auf alle verteilt: Wissenschaftler und Offiziere unterstützten die Matrosen oder sprangen als Hilfskoch ein und die Matrosen dienten als Assistenten bei wissenschaftlichen Messungen. Ganz automatisch entwickelte sich so ein Verständnis für die Aufgaben der Anderen und das Vertrauen untereinander wuchs.

Nach dem Untergang der Endurance musste von Tag zu Tag neu geplant werden. Strömungen, Windstärke und -richtung, Stürme und die Stabilität der Eisscholle, auf der sich die Gruppe befand, waren unvorhersehbar. Shackleton kommunizierte die Hintergründe seiner Entscheidungen offen und holte sich Rat ein. Das hatte zur Folge, dass es trotz zahlreicher Planänderungen kein Murren gab. Jeder verstand die Komplexität der Situation, wusste über Risiken und Chancen Bescheid und konnte seine Bedenken äußern.

Vorbildfunktion ernst und wahrnehmen

Als die Mannschaft der Endurance das sprichwörtlich sinkende Schiff verließ, ging es darum, auf dem Eis zu überleben. Für die geplante Durchquerung der Antarktis standen 18 warme Rentierfellschlafsäcke zur Verfügung, die per Los zugeteilt wurden. Weder für sich selbst noch für die Offiziere gab es Ausnahmen in der Verteilungsmethode. Alle 28 Mann nahmen am Losverfahren teil und akzeptierten am Ende das Ergebnis. Gleiches galt bei der Verteilung der rationierten Essensportionen und der Übernahme von Sonderaufgaben. Konsequent verzichtete Shackleton auf Privilegien und opferte sich zugunsten seiner Mannschaft auf. Die brachte ihm dafür unbedingte Loyalität und vollstes Vertrauen entgegen.

Vertrauensbildende Führung
Von Ihrem Führungshandeln hängt heute meist nicht das Überleben der Mitarbeiter:innen ab – gut so! Dennoch ist gegenseitiges Vertrauen die Basis jeder guten Führungsbeziehung. Machen Sie sich klar: Vertrauen entsteht auf der menschlichen Ebene! Und es muss vorgelebt werden. Wollen Sie, dass Ihre Mitarbeiter:innen Verantwortung für die Teamziele übernehmen? Dann übernehmen Sie Verantwortung für Ihre Mitarbeiter:innen! Sollen Ihre Mitarbeiter:innen über den Tellerrand blicken und selbstbestimmt handeln? Leben Sie selbstbestimmtes Handeln vor und akzeptieren Sie Grenzüberschreitungen, auch wenn Sie selbst es anders machen würden!

Sie gewinnen das Vertrauen Ihrer Mitarbeiter:innen erst, wenn Sie Ihren Mitarbeiter:innen Vertrauen entgegenbringen. Vertrauen vermitteln Sie, indem Sie
- die Mitarbeiter:innen in Entscheidungen einbinden,
- allen Mitarbeiter:innen auf Augenhöhe begegnen,
- zuhören und das Gegenüber ernst nehmen,
- nicht auf Ihre Rechte als Chef:in bestehen,
- sich ernsthaft um die Belange der Mitarbeiter:innen kümmern und
- Ihre Entscheidungen, Zweifel und Gedanken erklären.

7.2 Aus dem Nähkästchen

Zum Schluss möchten wir Ihnen hier ein paar »Führungsstorys« schildern, die wir als externe Berater exakt so erlebt haben. Ganz nach dem Motto: Nicht jeden Fehler muss man selber machen! Erfolgsrezepte wirken zwar nicht immer und überall. Es spricht aber nichts dagegen, sich an der einen oder anderen Zutat zu bedienen. Die Namen haben wir natürlich abgeändert.

Großer und kleiner Jobtausch
Ein mittelständisches IT-Unternehmen kämpfte jahrelang mit zwei klassischen Konfliktherden:
- zwischen Vertrieb und Produktion, weil die Zusagen gegenüber den Kunden in der Produktion nicht umsetzbar waren oder zu Stress führten;
- zwischen Entwicklung und Produktmanagement, weil unterschiedliche Prioritäten in der Produktentwicklung zu gegenseitigen Vorwürfen und Blockaden führten.

Das Management wurde auf die Situation aufmerksam, weil es immer häufiger als höhere Instanz entscheiden musste. Dabei ging es nie darum, wer richtig und wer falsch lag, sondern um fehlendes Verständnis für die Belange der jeweils anderen Abteilung.

Um dieses Verständnis zu entwickeln, wurden die Mitarbeiter:innen – wie auf der Endurance – angehalten, für eine Zeit in der jeweils anderen Abteilung mitzuarbeiten (großer Jobtausch). Wenn das nicht möglich war, tauschten die Mitarbeiter:innen ihren Arbeitsplatz, während sie ihre eigenen Aufgaben weiterbearbeiteten (kleiner Jobtausch). Nach anfänglicher Zurückhaltung nahmen die Mitarbeiter:innen das Angebot begeistert auf. Verständnis und Vertrauen an den Konfliktpunkten sind schnell gewachsen. Die immer noch auftretenden Auseinandersetzungen werden mittlerweile schnell und unbürokratisch unter den unmittelbar Beteiligten geregelt.

Unkonventionelles Bewerbungsinterview

»In der Freizeit bin ich als Spielertrainer in einem Fußballverein engagiert«, teilt Max Weber seinem Interviewpartner mit. Er durchläuft ein Auswahlverfahren um die Position des Teamleiters für den Kundenservice. Die Mitarbeiter:innen dort agieren in einem fordernden Umfeld, da sämtliche Kundenbeschwerden zuerst im Service auflaufen. Gesucht wird ein:e Chef:in, der den Zusammenhalt fördern und die einzelnen Mitarbeiter:innen motivieren kann. Der Interviewer nutzt die Chance, um mehr über das Selbstverständnis der Bewerbenden als Führungskräfte zu erfahren: »Nur mal angenommen, Sie wechseln sich in der Schlussphase eines wichtigen Spiels selbst ein und verhauen dann den entscheidenden Elfmeter. Wie verhalten Sie sich gegenüber der Mannschaft, um sie wieder zu motivieren?«

Ein Dilemma, das scheinbar nicht aufzulösen ist. Max Weber gelingt es, sein Gegenüber zu überzeugen: »Ich entschuldige mich erst einmal bei der Mannschaft und übernehme die Verantwortung für das Ergebnis. Und danach suche ich gemeinsam mit allen Wege aus der Krise.«

Big Picture

Wieder ein IT-Unternehmen, das gerade der Start-up-Phase entwachsen ist. Vor dem Hintergrund eines jährlich zweistelligen Wachstums lautete unser Auftrag: Unterstützung der Organisationsentwicklung und Ausbau der Führungskompetenz in einer neu geschaffenen mittleren Führungsebene.

Bevor wir loslegten, wollten wir von den drei Gründern und Vorständen erfahren, wohin die Reise gehen soll. Uns schien es sinnvoller, die Organisation nach einem gewünschten Zielbild in 10 Jahren zu formen, anstatt sich auf die aktuellen Herausforderungen zu fokussieren. Nach einem dreitägigen Workshop kam ein durchaus rundes und für die meisten Mitarbeiter:innen attraktives »Big Picture« heraus. Das Unternehmen sollte in 10 Jahren international vertreten sein, Technologieführer in einer Nische, inhabergeführt und börsennotiert. Mit diesem Bild konnten sich die meisten Mitarbeiter:innen identifizieren. Mehr noch: Einige waren regelrecht begeistert von der Aussicht, an einem sprichwörtlich visionären Plan mitzuwirken. Außerdem war klar, was in der Führung ab sofort hohe Priorität hatte: neue Mitarbeiter:innen gewinnen, Mitarbeiter:innen qualifizieren und internationale Großkunden akquirieren.

Emotionen zeigen

In einem deutschlandweit tätigen Familienunternehmen in der Unterhaltungsbranche mit mehr als 100-jähriger Geschichte erfolgte die Eröffnung eines neuen Standorts. Trotz schwieriger Rahmenbedingungen in der Branche und einem hohen Wettbewerbsdruck entschied sich die Familie mutig für die weitere Expansion. Kurz zuvor gab es einen Stabwechsel in der Geschäftsführung. Der nun in dritter Generation verantwortliche Geschäftsführer Peter Hauser war neu in der Branche und musste sich die fachliche Kompetenz erst erarbeiten. Er eröffnete den neuen Standort feierlich und würdigte alle Beteiligten, die an dem Projekt mitgewirkt hatten. Schließlich bedankte sich Peter Hauser bei seinem anwesenden Vater, der ihm das Vertrauen geschenkt hatte, das Familienunternehmen zu leiten. Selbst überwältigt von seinen Emotionen stockte ihm die Stimme und alle Anwesenden waren berührt von der sichtbaren Offenheit und Verletzlichkeit des neuen Geschäftsführers. Eine Schwäche, die seiner Akzeptanz in der neuen Rolle schadete? Das Gegenteil ist der Fall. Gerade wegen seiner Emotionalität und Offenheit erfährt Peter Hauser großen Zuspruch und den Respekt seiner Mitarbeiter:innen.

Neue Besen ...

Die Situation ist extrem schwierig für Martina Gruber. Die Mitarbeiter:innen verweigern offen ihre Unterstützung und ziehen sich ihr gegenüber immer mehr zurück. So kann sie das selbstgesteckte Ziel, die vor zwei Wochen übernommene Auslandsniederlassung wieder profitabel zu machen, nie erreichen. Dabei ist Martina Gruber auf der »Überholspur« unterwegs: hervorragender Studienabschluss, erfolgreiches Traineeprogramm und im Alter von 32 die jüngste Niederlassungsleiterin im Konzern. Ziele nicht zu erreichen oder gar zu scheitern, wäre die erste und schlimmste Niederlage in ihrer Berufslaufbahn. Dabei gibt Martina Gruber alles: Bereits vor der Übernahme der Niederlassung hat sie Prozesse, Kennziffern und die Marktsituation der Niederlassung im Detail studiert und eindeutige Verbesserungen abgeleitet. Ihren Change-Plan stellt sie gleich am ersten Tag vor und fordert alle Mitarbeiter:innen auf, an der Umsetzung mitzuwirken. In Einzelgesprächen gibt Martina Gruber den Mitarbeiter:innen Feedback und weist deutlich auf Schwachstellen hin.

Martina Gruber schafft es so tatsächlich, die gesamte Belegschaft der Niederlassung innerhalb von zwei Wochen gegen sich aufzubringen. Was läuft schief? Durch ihr Vorgehen vermittelt sie allen, dass ihre bisherige Leistung ungenügend ist und sie niemandem vertraut. Und genau darauf reagieren die Mitarbeiter:innen mit Ablehnung und Misstrauen.

8 Nachwort

Die Kapitel und Beispiele in diesem Buch zeigen, wie vielfältig die Herausforderungen der Führung sind. Sich diesen Herausforderungen immer wieder zu stellen, kostet – vor allem jungen Führungskräften – viel Energie und Durchhaltevermögen. Dabei stellen sich Erfolge, die Sie in Ihrem Tun bestätigen, nicht immer unmittelbar ein. Bleiben Sie geduldig und hartnäckig! Es ist noch keine perfekte Führungskraft vom Himmel gefallen. Die Ergebnisse von Fachaufgaben oder handwerklichen Tätigkeiten sind direkt und im wahrsten Wortsinn greifbar. Ihre Führungsarbeit hingegen führt im Erfolgsfall zu guten Teamergebnissen, motivierten und leistungsbereiten Mitarbeiter:innen und einem angenehmen Arbeitsumfeld. Dieser Erfolg ist mindestens so motivierend wie ein selbstgebauter Schrank.

Lassen Sie sich von kleinen Misserfolgen, kritischen Feedbacks und Missstimmungen nicht von Ihrem Weg abbringen. Viel zu oft erleben wir junge und engagierte Führungskräfte, die ihren Job am liebsten hinschmeißen wollen, weil der Druck zu groß wird oder sie in Konflikte verstrickt werden. Erinnern Sie sich noch, als Sie das erste Mal hinter dem Steuer eines PKW saßen? Um alle Handgriffe zu koordinieren und gleichzeitig auf den Verkehr zu achten, mussten Sie mit allen Sinnen voll konzentriert sein. Wie sieht es nach ein paar Jahren Fahrerfahrung aus? Tätigkeiten wie das Fahrzeugstarten, Kuppeln, Schalten, Blinken und Auf-den-Verkehr-Achten verlaufen nahezu automatisch und unbewusst. Auch das Führen von Mitarbeiter:innen erfordert Übung und Erfahrung, damit sich eine gewisse Routine einstellt.

Es lohnt sich also, dranzubleiben – auch weil Führungskräfte gestalten und Einfluss nehmen können!

Literatur

Daigeler, Hölzl, Raslan: Führungstechniken. TaschenGuide, Freiburg, Haufe, 4. Auflage, 2017.

Hölzl, Franz, Raslan, Nadja: Ab jetzt Führungskraft. So meistern Sie die ersten 100 Tage. BusinessVillage, Göttingen, 2014.

Hölzl, Franz; Raslan, Nadja: Schwierige Mitarbeitergespräche. Professionell vorbereiten, sicher führen. Haufe, Freiburg, 3. Auflage, 2016.

Hölzl, Franz; Raslan, Nadja: Mut. Wagen und gewinnen. TaschenGuide. Freiburg, Haufe, 2012.

Shackleton, Ernest: Mit der Endurance ins ewige Eis. Meine Antarktisexpedition 1914-1917. Piper, München, 3. Auflage 2009.

Malik, Fredmund: Führen, Leisten, Leben. Wirksames Management für eine neue Zeit. Deutsche Verlags-Anstalt, Stuttgart München, 17. Auflage, 2005.

Morell, Margot; Capparell, Stephanie: Shackletons Führungskunst – Was Manager von dem großen Polarforscher lernen können. Eichborn, Frankfurt am Main, 2002.

Drucker, Peter F.: Was ist Management. Das Beste aus 50 Jahren. Econ, Düsseldorf, 2002.

Schulz von Thun, Friedemann: Miteinander Reden. Bd. 1-4. Reinbek, Hamburg, 2014.

Walter, Norbert; Fischer, Heinz; Hausmann, Peter; Klös, Hans-Peter; Lobinger, Thomas; Raffelhüschen, Bernd; Rump, Jutta; Seeber, Susan; Vassiliadis, Michael: Die Zukunft der Arbeitswelt. Auf dem Weg ins Jahr 2030. Robert-Bosch-Stiftung, Stuttgart und Berlin, 2013.

Glasl, Friedrich: Konfliktmanagement: Ein Handbuch für Führungskräfte, Beraterinnen und Berater. Freies Geistesleben, Stuttgart, 11. Auflage, 2017.

Rosenberg, Marshall B.: Gewaltfreie Kommunikation. Eine Sprache des Lebens. Junfermann, Paderborn, 10. Auflage, 2012.

Goleman, Daniel; Boyatzis, Richard; McKee, Annie: Emotionale Führung. Ullstein, Berlin, 9. Auflage 2003.

Collins, Jim: Der Weg zu den Besten: Die 7 Management-Prinzipien für dauerhaften Unternehmenserfolg. Campus, Frankfurt, 2011.

Covey, Stephen R.: Die 7 Wege zur Effektivität. Prinzipien für persönlichen und beruflichen Erfolg. Gabal, Offenbach, 51. Auflage, 2018.

Kray, Laura J. and Locke, Connson C. and Van Zant, Alex B.: Feminine charm: an experimental analysis of its costs and benefits in negotiations. Personality and Social Psychology Bulletin, 38 (10), 2012.

Förster, Nikolaus: Mein größter Fehler: Bekenntnisse erfolgreicher Unternehmer. impulse, Hamburg, 2. Auflage, 2016.

Danksagung

Wir sind ganz vielen Menschen Dank schuldig. An dieser Stelle gilt es allen Menschen zu danken, die uns ihr Vertrauen schenkten und die wir eine Wegstrecke begleiten durften. Wahrhaftige Begegnungen bleiben im Herzen und hinterlassen Spuren. Tiefe Dankbarkeit an die, die immer für uns da sind: unsere Familien.

Das Buch schreiben gestaltet sich wie eine gemeinsame Expedition, nur als Team lassen sich Hindernisse überwinden, nur gemeinsam ist der Erfolg erreichbar. Und natürlich ist hier zu fragen: Was ist Erfolg? Das gemeinsame Erreichen des Berggipfels oder gesund nach Hause zu kommen und Erlebnisse gesammelt zu haben? Herzlichsten Dank an dieser Stelle an unsere Kunden, die wir begleiten dürfen, die uns ihr Vertrauen schenken, die unsere Beraterhaltung schätzen und die sich immer wieder mit uns auf Expedition begeben:

Herzlichsten Dank an:

Alexandra, André, Annabelle, Annelie, Annette, Bastian, Bernd, Bettina, Boris, Catherine, Christian, Dominic, Franziska, Gregory, Guntram, Hans, Helena, Ingo, Iris, Jenny, Karina, Katharina, Laura, Malte, Martin, Mathias, Michael, Monika, Nils, Nina, Oliver, Pamela, Ralph, Renate, Roman, Sandra, Sandy, Silke, Silvia, Simone, Sophie, Sven, Tobias, Ursula, Verena, Volker, Wolfgang.

Danke, Lars! Für deine Kreativität, deine Bilder, die Führung in Cartoons leben lässt.

Stichwortverzeichnis